建筑业农民工业余学校培训教材

中小型建筑机械操作工

建设部人事教育司组织编写

中国建筑工业出版社

图书在版编目(CIP)数据

中小型建筑机械操作工/建设部人事教育司组织编写.

北京：中国建筑工业出版社，2007

（建筑业农民工业余学校培训教材）

ISBN 978-7-112-09649-7

Ⅰ．中… Ⅱ．建… Ⅲ．建筑机械—技术培训—教材
Ⅳ．TU6

中国版本图书馆 CIP 数据核字(2007)第 166231 号

建筑业农民工业余学校培训教材
中小型建筑机械操作工
建设部人事教育司组织编写

*

中国建筑工业出版社出版、发行(北京西郊百万庄)

各地新华书店、建筑书店经销

北 京 天 成 排 版 公 司 制 版

北京建筑工业印刷厂印刷

*

开本：787×1092毫米　1/32　印张：3¼　字数：72千字
2007年12月第一版　　2015年9月第四次印刷

定价：**10.00**元

ISBN 978-7-112-09649-7
(26486)

本书主要介绍机械识图和建筑施工现场常用的中小型起重机械、混凝土机械、钢筋机械、木工机械及其他机械的原理、构造、主要性能参数、维修、保养、使用方法、安全操作规程、故障检查、排除等。

　　本书适合于建筑施工现场机械设备管理、操作、维修人员作为培训教材和自学、参考书。

＊　　＊　　＊

责任编辑：朱首明　王美玲
责任设计：赵明霞
责任校对：刘　钰　王雪竹

建筑业农民工业余学校培训教材
审定委员会

建筑业农民工业余学校培训教材
编写委员会

主　编：孟学军
副主编：龚一龙　朱首明
编　委：（按姓氏笔画排序）

马岩辉	王立增	王海兵	牛　松
方启文	艾伟杰	白文山	冯志军
伍　件	庄荣生	刘广文	刘凤群
刘善斌	刘黔云	齐玉婷	阮祥利
孙旭升	李　伟	李　明	李　波
李小燕	李唯谊	李福慎	杨　勤
杨景学	杨漫欣	吴　燕	吴晓军
余子华	张莉英	张宏英	张晓艳
张隆兴	陈葶葶	林火桥	尚力辉
金英哲	周　勇	赵芸平	郝建颐
柳　力	柳　锋	原晓斌	黄　威
黄水梁	黄永梅	黄晨光	崔　勇
隋永舰	路　明	路晓村	阚咏梅

序 言

农民工是我国产业工人的重要组成部分,对我国现代化建设作出了重大贡献。党中央、国务院十分重视农民工工作,要求切实维护进城务工农民的合法权益。为构建一个服务农民工朋友的平台,建设部、中央文明办、教育部、全国总工会、共青团中央印发了《关于在建筑工地创建农民工业余学校的通知》,要求在建筑工地创办农民工业余学校。为配合这项工作的开展,建设部委托中国建筑工程总公司、中国建筑工业出版社编制出版了这套《建筑业农民工业余学校培训教材》。教材共有 12 册,每册均配有一张光盘,包括《建筑业农民工务工常识》、《砌筑工》、《钢筋工》、《抹灰工》、《架子工》、《木工》、《防水工》、《油漆工》、《焊工》、《混凝土工》、《建筑电工》、《中小型建筑机械操作工》。

这套教材是专为建筑业农民工朋友"量身定制"的。培训内容以建设部颁发的《职业技能标准》、《职业技能岗位鉴定规范》为基本依据,以满足中级工培训要求为主,兼顾少量初级工、高级工培训要求。教材充分吸收现代新材料、新技术、新工艺的应用知识,内容直观、新颖、实用,重点涵盖了岗位知识、质量安全、文明生产、权益保护等方面的基本知识和技能。

希望广大建筑业农民工朋友,积极参加农民工业余学校的培训活动，增强安全生产意识，掌握安全生产技术；认真学习，刻苦训练，努力提高技能水平；学习法律法规，知法、懂法、守法，依法维护自身权益。农民工中的党员、团员同志，要在学习的同时，积极参加基层党、团组织活动，发挥党员和团员的模范带头作用。

愿这套教材成为农民工朋友工作和生活的"良师益友"。

建设部副部长：黄卫

2007年11月5日

前　言

　　中小型建筑机械的广泛应用是建筑技术进步的重要标志，是中国建筑业从劳动力密集型向技术密集型转变的重要基础，作为现代建筑业技术工人，掌握建筑机械的操作、维修、保养是一项必备的技术，本书从建筑机械的实际应用出发，通俗易懂地介绍了机械识图、中小型起重机械、混凝土机械、钢筋加工机械、木工机械及其他机械的原理、使用方法、维修保养技术及安全操作规程，适合建筑技术工人进行技术学习、机械选用和参数查阅，对提高操作工人的操作水平和安全意识有很好的指导作用。

　　本书第一部分机械识图由李唯谊编写；第二部分中小型起重机械、第五部分木工机械由吴晓军编写；第三部分混凝土机械、第六部分其他机械由马岩辉编写；第四部分钢筋机械由张宏英编写。编写内容都来自生产实践，编写过程中也参考了大量的技术规范、已出版的相关技术书籍和技术总结，对其作者在此表示衷心的感谢，如有相关引用敬请谅解，也请相关专家提出批评和修改意见，以利于进一步提高编写水平，为广大建筑技术工人提供更好、更全面、更切合实际的教材。由于时间紧迫，本书肯定有很多遗漏、错误的地方，请各位专家、读者在阅读使用过程中为我们提出宝贵的意见和建议，在此表示衷心的感谢！

目　录

一、机 械 识 图

（一）机械识图的基本常识

每个人看一件物体都能从上、下、左、右、前、后六个位置看到物体的六个方面，但是要表达物体的形状，通常采用相互垂直的三个平面，建立三面投影体：正投影用 V 表示，水平投影用 H 表示，侧投影用 W 表示。物体在三面投影体系中，可以得到三个视图。三个视图分别为主视图 V、俯视图 H 和左视图 W，如图 1-1 所示。

这三个视图反映了物体的方位关系，可以简单的用几个字概括：即"长对正、高平齐、宽相等"。在主视图 V 中，反映了物体的高度和长度，在俯视图 H 中反映了物体的长度和宽度，在左视图 W 中反映了物体的宽度和高度，上述投影规律不但适用于三个视图的整体，也适用于任何部位。

1. 看图的基本方法

看图的基本方法就是投影分析法。从视图想象图形表达的空间形状，进而确定各视图总体表达的物体形状。

第一，分析视图。根据视图的相互位置关系确定，从左向右是主视图、左视图；从左向下是主视图、俯视图。知道了视图名称，投影关系也就明确了，如图 1-2 所示。

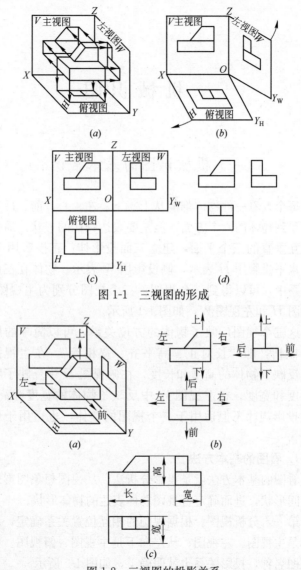

图 1-1　三视图的形成

图 1-2　三视图的投影关系

第二，分析投影。一般在绘图时都是选择能较多表达物体形态特征的一面为主视图。读图时要先读懂主视图，了解各部分相互位置关系，根据主视图特点，联系俯视图、左视图的投影关系，还可以想象或描绘出构成图形的基本组合形体，如三角形、长方体、圆孔等等，如图 1-3 所示。

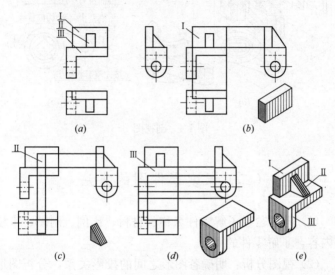

(a)　　　　　　　　　　　　(b)

(c)　　　　　　　(d)　　　　　　　(e)

图 1-3　形体分法举例

第三，综合各种基本形体构成的形状想象出物体的整体形象。

2. 读剖视图

假想用剖切平面剖开机件，然后将切开的一部分拿走，露出要表达的图形，就叫剖视。剖视是一种假想，是用想象表达机件内部结构的方法。

读剖视图符号按剖切位置线分析在机件的哪一部位剖切的，判断剖切后的投影方向。读剖视图的名称，对应剖切位

3

置线，想象剖视图的位置及内部结构关系，如图 1-4 所示。

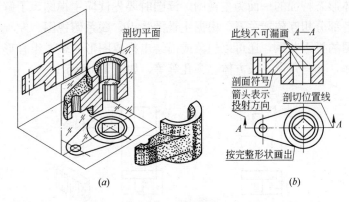

图 1-4　剖视图

（二）识读零件图的方法

（1）看标题栏了解零件名称、材料、比例、制图、审核等内容，了解零件的概况。

（2）视图分析：明确各图形之间的投影关系，分析图形的表达重点，看懂零件的基本组合形体和结构、位置关系，想象零件的整体形状。

（3）读懂零件的尺寸要求，确认零件的长、宽、高三个方向的尺寸基准，确认主要基准和辅助基准，根据零件各部分的形状结构分析定形尺寸和定位尺寸。

（4）理解技术要求：弄清零件图上标注的尺寸关系和极限偏差、形位公差，表面粗糙度，弄清加工面及精度要求。

以输出轴零件图(图 1-5)为例，读图步骤如下：

第一，看标题栏可知零件名称为输出轴，材料是 45 号

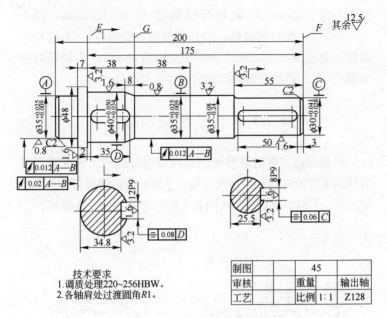

技术要求
1.调质处理220~256HBW。
2.各轴肩处过渡圆角R1。

制图		45	
审核		重量	输出轴
工艺		比例 1:1	Z128

图1-5 输出轴零件图

钢，比例是1:1，零件代号Z128。

第二，视图分析：该零件采用一个主视图，和两个移出断面表达，该轴由六段直径不同，在同一轴线上的回转体组成。

第三，尺寸分析：轴线为径向尺寸的主要基准，端面E面为该轴长度方向的尺寸基准，端面F为第一辅助基准，确定左键槽和右键槽的定位尺寸分别是2和3，区别$\phi 35$轴径上不同表面粗糙度的定位尺寸是38。

第四，技术要求：从图中标注可知有极限偏差尺寸，如$\phi 35^{+0.025}_{+0.009}$，$\phi 40^{+0.050}_{+0.034}$等，都是保证配合质量的尺寸。$\phi 35^{+0.025}_{+0.009}$的表面粗糙度值最小，$R_a$为0.8μm，两键槽工作表面及$\phi 48$轴左端面粗糙度$R_a$为1.6μm，$E$面和$\phi 35$右半部$\phi 35$右端

面 R_a 为 3.2μm，其余表面粗糙度 R_a 为 12.5μm。两个 $\phi35^{+0.025}_{+0.009}$ 圆柱面对两段轴径的公共轴线，轴线（A—B）的径向圆跳动公差为 0.012mm。$\phi48$ 轴左端面对 $\phi35^{+0.025}_{+0.009}$ 轴径的公共轴线（A—B）的端面圆跳动公差为 0.02mm。

（三）识读装配图的方法

机械维修工要对照装配图对机械进行维修，因此要了解机械的工作原理和动力传动结构，了解构成机械的各零件的装配关系。下面以球心阀门为例来看装配图（图1-6），步骤如下：

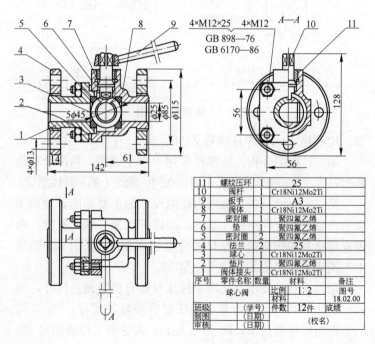

11	螺纹压环	1	25	
10	阀杆	1	Cr18Ni12Mo2Ti	
9	扳手	1	A3	
8	阀体	1	Cr18Ni12Mo2Ti	
7	密封圈	1	聚四氟乙烯	
6	垫	1	聚四氟乙烯	
5	密封圈	2	聚四氟乙烯	
4	法兰	2	25	
3	球心	1	Cr18Ni12Mo2Ti	
2	垫片	1	聚四氟乙烯	
1	阀体接头	1	Cr18Ni12Mo2Ti	
序号	零件名称	数量	材料	备注

球心阀		比例	1:2	图号
		材料		18.02.00
班级	（学号）	件数	12件	成绩
制图	（日期）			
审核	（日期）		（校名）	

图 1-6　球心阀装配图

（1）首先看标题栏，了解机器的名称、用途、零部件名称、数量等概况，从明细栏中可以知道机器是由多少零件组成，对机械有一个初步认识。

（2）分析视图，明确视图间的投影关系，如果有剖视图还要找到剖切位置。

（3）分析零件之间的装配关系，辨别零件的动静关系，弄清哪一部分是动的，哪一部分是固定不动的。

（4）分清零件的配合关系，弄清零件的基准制，配合种类和公差等级。

（5）分析拆装顺序，弄清机械的拆装路径，先拆哪个零件，后拆哪个零件。拆卸顺序与装配顺序一般都是相反的。

（6）分析工作原理，经过上述一系列步骤以后，就可以想象整个机器在工作中的情况，分析时从传动关系入手，从动力系统开始，步步深入。当动力源开始旋转时，首先把扭力传到机器的什么位置，接下来又传到哪里。这样一步一步就把机器的工作原理和过程弄清了，这时再着手维修机械设备，你就是一个成熟的机械工了。

二、中小型起重机械

(一) 概 述

起重机械是工矿企业中，实现机械化、自动化，减轻体力劳动，提高劳动生产率的重要工具和设备，不仅可以装卸构件、材料，而且可以吊装构件就位和运输各种材料、设备。从而达到提高工作效率、降低成本、减轻劳动强度等目的。本书根据施工现场的实际情况，主要介绍卷扬机、电动葫芦等中小型起重设备。这类设备的特点是构造比较简单、紧凑，一般只有一个升降机构，只能使重物作单一的升降运动。

(二) 中小型起重机械的性能参数

起重机的性能参数是用来说明起重机械的性能和规格的数据，也是提供设计计算和选择使用起重机械时的主要依据。包括：

1. 额定起重量 Q

起重机在正常工作时允许起吊的物品重量，称为额定起重量，单位为千牛(kN)。如使用其他辅助取物装置和吊具(如抓斗、电磁吸盘、夹钳等)时，这些装置的自重应包括在

8

额定起重量内。臂架式起重机的额定起重量在不同的幅度时是不同的。《起重机械最大起重系列》(GB 783—87)规定了起重机的起重量系列标准。

额定起重量有最大起重量和最大幅度起重量之分,最大起重量是指基本臂处于最小幅度时所允许起吊的最大起重量,最大幅度起重量指基本臂处于最大幅度时所允许起吊的最大起重量。

一般起重机械的额定起重量是指最大起重量,即起重机械铭牌上标注的起重量。

2. 起升高度 H

起升高度是指起重机工作场地地面或起重机运行轨道顶面到取物装置上极限位置的高度(如用吊钩,量到吊钩中心;如用抓斗及其他容器时,则量到抓斗或容器底部最低点)。当取物装置可以放到地面以下或轨道顶面以下时,其下放距离称为下放深度。起重高度和下放深度之和称为总起升高度。起升高度的单位为米(m)。

3. 额定工作速度 V

额定起升速度是指起升机构电动机在额定转速下运转时取物装置的上升速度。额定运行速度是指运行机构电动机在额定转速下起重机或小车的运行速度。

(三) 卷 扬 机

卷扬机是起重机械中最基本的设备,具有结构简单、制造成本低、使用方便、对作业环境适应性强等特点,只要配合一些辅助设备如:井字架、龙门架、滑轮组等,就能进行提升物料、安装设备、拖曳重物、冷拉钢筋等作业,在建筑施工中得到广泛应用。

1. 卷扬机的类型及其技术性能

（1）卷扬机的分类

卷扬机的规格、型号繁多，按用途可分为用于建筑、林业、矿山、船舶等行业；按速度可分为快速、慢速、多速；按卷筒数量可分为单筒、双筒和多筒；按传动方式可分为手动、电动、液压、气动以及其他动力形式；按机械传动形式又可分为直齿轮传动、斜齿轮传动、行星齿轮传动、球面蜗杆传动、蜗轮蜗杆传动等。

（2）卷扬机的型号

卷扬机的型号分类及表示方法见表2-1。

卷扬机型号分类及表示方法（JG/T 5093—1997）　**表 2-1**

型号	特性	代号	代号含义	主参数名称	单位表示法
单卷筒式	K（快）	JK	单筒快速卷扬机	额定拉力	kN
	KL（快溜）	JKL	单筒快速溜放卷扬机		
	M（慢）	JM	单筒慢速卷扬机		
	ML（慢溜）	JML	单筒慢速溜放卷扬机		
	T（调）	JT	单筒调速卷场机		
	S（手）	JS	手摇式卷扬机		
双卷筒式 2（双）	K（快）	2JK	双筒快速卷扬机		
	M（慢）	2JM	双筒慢速卷扬机		
	T（调）	2JT	双筒调速卷扬机		
三卷筒式 3（三）	K（快）	3JK	三筒快速卷扬机		

（3）卷扬机系列和技术参数

卷扬机系列和技术参数见表2-2和表2-3。

快速卷扬机系列和技术参数　　表 2-2

基本参数	单 卷 筒							
	JK0.5	JK0.75	JK1	JK1.25	JK1.6	JK2	JK2.5	JK3
钢丝绳额定拉力(kN)	5	7.5	10	12.5	16	20	25	30
钢丝绳额定速度(m/min)	30～50					30～45		30～40
卷筒容绳量(m)	100～200					150～250		250～350
钢丝绳直径 d 不小于(mm)	7.7	9.3		11	12.5	13	15.5	17
卷筒的节径 D(mm)	19d							

基本参数	单卷筒			双卷筒				
	JK3.2	JK5	JK8	2JK1	2JK2	2JK3.2	2JK5	2JK8
钢丝绳额定拉力(kN)	32	50	80	10	20	32	50	80
钢丝绳额定速度(m/min)	30～40		28～32	30～50	30～45	30～40		28～32
卷筒容绳量(m)	250～350		350～500	100～200	150～250	250～350		350～500
钢丝绳直径 d 不小于(mm)	17	21.5	26	9.3	13	17	21.5	25
卷筒的节径 D(mm)	19d							

基本参数	单 卷 筒								
	JM2	JM3	JM5	JM8	JM12	JM12.5	JM20	JM32	JM50
钢丝绳额定拉力（kN）	20	30	50	80	120	125	200	320	500
钢丝绳额定速度（m/min）	9～12				8～11			7～10	
卷筒容绳量（m）	150		600	700	600		700	800	
钢丝绳直径 d 不小于（mm）	13	17	21.5	26	32.5		43	56	65
卷筒的节径 D（mm）	19d								

（4）卷扬机的结构简述

1）单筒快速卷扬机

JK 系列单筒快速卷扬机是使用最广泛的机型，它是以电动机为动力，通过联轴节和减速器，然后再通过离合器驱动卷筒，如图 2-1 所示。

2）双筒卷扬机

2JK 系列双筒快速卷扬机是以电动机为动力，通过联轴节和减速器，用摩擦离合器操纵，分别驱动两个卷筒工作，如图 2-2 所示。

2. 卷扬机的安装及使用要求

（1）卷扬机的安装

1）安装前，应根据要求，确定安装位置。就位时，机架下面应垫方木，保持纵、横方向上的水平，钢丝绳应从卷筒下方引出，以保证制动器有良好的制动效果。卷扬机必须用地锚固定，地锚埋设后，可采用捯链进行拉力试验，试验

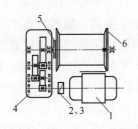

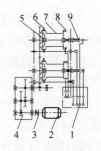

图 2-1　JK 型卷扬机传动示意图

图 2-2　2JK 型卷扬机
传动示意图

1—电动机；2、3—联轴节、电磁制动器；

4—圆柱齿轮减速器；5—离合器；6—卷筒

1—操纵手柄；2—电动机；

3—联轴节；4—减速器；

5—摩擦离合器；6—制动器；

7—卷筒；8—棘轮；9—推力启动

拉力为牵引力的 1.5 倍。安装位置应保证操作人员清楚地看到牵引或提升的重物，以防发生操作事故。

2）卷扬机临时安装，可利用机座上的预留孔或用钢丝绳盘绕机座固定的地锚上，在机架的后部应加放压铁，并应选择地势稍高、视野良好、地基坚实的地方，机座下面需垫上枕木；如永久性安装，则需以地脚螺栓紧固在混凝土基础上。以确保卷扬机在作业时不发生滑动、位移、倾覆等现象。

3）室外安装的卷扬机要有防雨、防潮和防尘措施，一般要搭设操作棚，处于高空坠物打击范围内时，必须使用 5cm 厚木板搭设双层防护棚顶，双层顶间距 60cm。并应保证操作人员能看清指挥人员和拖动或起吊的物件。

4）钢丝绳的选用应符合原厂说明书规定。卷筒上的钢丝绳全部放出时应留有不少于 3 圈；钢丝绳末端应固定可靠；卷筒边缘外周至最外层钢丝绳的距离应不小于钢丝绳直径的 2 倍。

5）为避免钢丝绳在卷筒上斜向卷绕和出现乱绳现象，钢丝绳的牵引力方向应和卷筒相互垂直，如需改变牵引方向时，应在卷筒正前方设置导向滑轮。从卷筒中心线到第一个导向滑轮的距离：带槽卷筒应大于卷筒宽度的 15 倍，无槽卷筒应大于 20 倍。当钢丝绳在卷筒中间位置时，滑轮的位置应与卷筒轴心垂直，其垂直度允许偏差为 6°。

6）使用皮带或开式齿轮传动的部分，均应设防护罩，导向滑轮不得用牙口拉板式滑轮。

（2）卷扬机的使用

1）操作人员需经过操作与安全技术的培训，获得"上岗证"后，方允许操作。

2）正式使用前应进行试运转：试运转之前，应检查润滑是否充分，各部螺栓是否紧固，钢丝绳连接是否牢靠，绳位是否符合要求，操纵手柄是否放在正确的位置，电源线路是否正常，绝缘是否良好，相位是否准确，三相电源是否平衡。经检查确认后，即可进行空载运转试验。空载运转试验时，卷筒上不得缠绕钢丝绳，正、反两个方向的空载运转试验不得少于 30min；在运转过程中，注意检查各传动装置有无冲击、振动和异常响声，制动器是否灵活可靠，接触面是否均匀，接触面积是否达到规定的数值，松闸后间隙是否均匀。如发现问题，应予以排除，确认机械处于完好状态时，方可穿好钢丝绳，进行负载运转试验。负载运转试验时，应逐步加载至额定值，提升重物不要过高，以免制动器失灵造成事故。试验要正、反两个方向交替进行。负载制动试验时，重物下滑量慢速系列不大于 100mm，快速系列不应大于 200mm，否则应对制动器进行调整，保证灵敏可靠，方可投入正常使用。

3) 作业前，应调整好制动机构间隙，单筒快速卷扬机的调整部位主要是制动瓦块与制动轮之间的间隙，一般在 0.6～0.8mm。部分单筒卷扬机的调整部位在启动器刹车带与大内齿轮槽间隙为 1.0～2.0mm，如：JK 系列慢速卷扬机的主要调整部位的调整间隙一般为 1.5～1.75mm；检查卷扬机与地面固定情况，检查安全装置、防护设施、电气线路、接地（接零）线、制动装置和钢丝绳等，全部合格后方可使用。

4) 以动力正反转的卷扬机，卷筒旋转方向应和操纵杆开关上指示的方向一致。

5) 钢丝绳应与卷筒及吊笼连接牢固，不得与机架或地面摩擦，通过道路时，应设过路保护。

6) 卷扬机制动操作杆的行程范围内，不得有障碍物。

7) 卷筒上的钢丝绳应排列整齐，如发现重叠或斜绕时，应停机重新排列，严禁在转动中用手、脚去拉、踩钢丝绳。弹性联轴器不得松弛。

8) 作业中，任何人不得跨越正在作业的卷扬钢丝绳。物件提升后，操作人员不得离开卷扬机，物件或吊笼下面严禁人员停留或通过。休息时应将物件或吊笼降至地面。如发现声响不正常、制动不灵、制动带或轴承等温度剧烈上升等异常情况时，必须停机检查，排除故障后方可使用。如遇停电，应切断电源，将提升物件或吊笼降至地面。电动机在正常运行中，不得突然进行反向运转。

9) 电动机停止运行前，应首先将载荷卸去，或将转速降到最低，然后切断电源，启动开关应置于停止位置。

10) 使用中卷筒上的钢丝绳不得全部放完，至少要保留三圈安全圈数。钢丝绳应经常进行检查，如果断丝数超过规定值应随时进行更换。钢丝绳不得有叉接接头，以防长期使用中拉脱后发生事故。钢丝绳应经常进行保养，涂润滑脂。

11) 卷扬机严禁超载作业。

12) 工作结束时提升物应下降至地面，不得吊悬在空中；切断电源，锁好开关箱。

（四）电动葫芦

电动葫芦是一种装配紧凑的起重装置，是集电动机、减速机和钢丝绳卷筒（或环链）为一体的小型起重设备，包括电动机、制动器、减速装置、卷筒、滑轮组、吊钩、钢丝绳。电动葫芦可与工字钢梁架配套作梁式起重机；也可与龙门架配套作简易龙门式起重机；也可单独使用，作垂直起升和下降的起重工具。电动葫芦是一种起重和行走组合的起重设备，起重部分由三部分组成。电动葫芦的主体，悬挂在行走小车上，小车在起重机大梁的工字钢下沿上行走进行就位作业。小车构造简单，是一个较小的锥形转子电机，由小减速箱减速后带动行走轮行走。一端的锥形转子电动机，通过花键套和传动轴将动力传递到另一端的减速机，经过减速的动力，传递到中间的钢丝绳卷筒，由钢丝绳和吊钩进行起重作业，这种电动机有制动功能。

1. 几个常见的型号及其主要参数

目前主要有 TV 型电动葫芦、CD 型电动葫芦、AS 型电动葫芦。使用较多的 TV 型电动葫芦和 CD 型电动葫芦，都属于钢丝绳电动葫芦。TV 型电动葫芦采用圆柱转子电动机、盘形制动器、刚性联轴器，体积比较大。CD 型电动葫芦采用锥形转子电动机，制动器与电机构成一体，采用轮胎式联轴器。

除钢丝绳式葫芦之外，还有环链葫芦，其挠性件采用环链。由于环链的挠性好，链轮和传动机构都比较小，所以环链葫芦一般体积比较小，但速度较慢。

2. 电动葫芦的操作使用

电动葫芦的主要事故是过卷扬，因为电动葫芦一般不能调速，而且起升高度不大，所以很容易发生过卷扬的事故。

电动葫芦使用过程中应注意以下问题：

（1）在有爆炸介质场所应采用防爆型。在有腐蚀介质场所应采用防腐型。露天作业时，应设防雨棚。

（2）输入电压低于额定值15％时，应停止工作。

（3）支撑点应牢固、安全，确保能承受起重量。

（4）葫芦运行过程中下面不得站人或通行。

（5）电动葫芦使用前应检查设备的机械部分和电气部分。钢丝绳、吊钩、限位器等应完好，电气部分应无漏电，接地装置应良好。

（6）电动葫芦应设缓冲器，轨道两端应设挡板。

（7）作业开始第一次吊重物时，应进行额定负荷的125％起升离地面约100mm，10分钟的静负荷试验，检查电动葫芦制动情况，确认完好后方可正式作业。动负荷试验是以额定负荷重量，作反复升降与左右移动试验，试验后检查其机械传动部分、电气部分和连接部分是否正常。

（8）电动葫芦严禁超载起吊。起吊时，手不得握在绳索与物体之间，吊物上升时应严防冲撞。

（9）起吊物件应捆扎牢固。电动葫芦吊重物行走时，重物离地不宜超过1.5m高，严禁重物在人头上越过，工作间歇不得将重物悬挂在空中。

（10）电动葫芦作业中发生异味、高温等异常情况应立即停机检查，排除故障后方可继续使用。

（11）使用悬挂电缆电气控制开关时，绝缘应良好，滑动应自如，人的站立位置后方应有 2m 空地并应正确操作电钮。

（12）在起吊中，由于故障造成重物失控下滑时，必须采取紧急措施，向无人处下放重物。

（13）重物在起吊中不得急速升降。

（14）电动葫芦在额定载荷制动时，下滑位移量不应大于 80mm。否则应清除油污或更换制动环。

（15）电动葫芦钢丝绳在卷筒上要缠绕整齐，当吊钩放在最低位置，卷筒上的钢丝绳应不得少于三圈。

（16）起吊重物必须作到垂直起升，不许斜拉重物，起吊物重量不清的不吊。

（17）在工作完毕后，电动葫芦应停在指定位置，吊钩升起，并把电源总闸拉开，切断电源。

3. 安全注意事项

在了解操作说明的基础上，还请注意下列事项：

（1）请对使用说明书和铭牌上内容熟记后再操作。

（2）请将上、下限位的停止块调整后再起吊物体。

（3）使用前若发现钢丝绳弯曲、变形、腐蚀、钢丝绳断裂程度超过规定要求，磨损量大等情况时，绝对不要操作。

（4）安装使用前请用 500V 兆欧表检查电机和控制箱的绝缘电阻，在常温下冷态电阻应大于 $5M\Omega$，方可使用。

（5）请绝对不要起吊超过额定负载量的物件，额定负载量在起吊钩铭牌上已标明。

（6）起吊物上禁止乘人，另绝对不要将电动葫芦作为电梯的起升机构用来载人。

(7) 起吊物体、吊钩在摇摆状态下不能起吊。

(8) 请将葫芦移动到物体正上方再起吊，不得斜吊。

(9) 限位器不允许当作行程开关反复使用。

(10) 不得起吊与地面相连的物体。

(11) 不要过度点动操作。

(12) 在维修检查前一定要切断电源。

(13) 维修检查工作一定要在空载状态下进行。

(14) 使用前请确认楔块是否安装牢固可靠。

4. 使用维护

电动葫芦的使用和维护要点如下：

(1) 新安装或经拆检后安装的电动葫芦，首先应进行空车试运转数次。但在未安装完毕前，切忌通电试转。

(2) 安装调试和维护时，必须严格检查限位装置是否灵活可靠，当吊钩升至上极限位置时，吊钩外壳到卷筒外壳之距离必须大于 50mm(10 吨，16 吨，20 吨必须大于 120mm)。当吊钩降至下极限位置时，应保证卷筒上钢丝绳安全圈，有效安全圈必须在 3 圈以上。

(3) 不允许同时按下两个使电动葫芦按相反方向运动的手电门按钮。

(4) 电动葫芦应由专人操纵，操纵者应充分掌握安全操作规程，严禁歪拉斜吊。

(5) 在使用中必须由专门人员定期对电动葫芦进行检查，发现故障及时采取措施，并详细记录。

(6) 调整电动葫芦制动下滑量时，应保证额定载荷下，制动下滑量 $S \leqslant V/100$(V 为负载下一分钟内稳定起升的距离)。

三、混凝土机械

（一）基本知识

1. 混凝土机械工作性质

混凝土机械是指用于混凝土原料加工、运输、输送、振捣、成型等相关工艺的机械设备。

2. 混凝土机械种类

混凝土机械按照其工作性质不同可分为 12 大类：

(1) 混凝土搅拌机（自落式、强制式）；

(2) 混凝土搅拌楼；

(3) 混凝土搅拌站；

(4) 混凝土搅拌运输车；

(5) 混凝土泵；

(6) 混凝土喷射机；

(7) 混凝土浇筑机；

(8) 混凝土振动器；

(9) 混凝土布料杆；

(10) 气卸散装水泥运输车；

(11) 混凝土配料站；

(12) 混凝土制品机械。

本书主要介绍的是中小型机械，结合施工现场实际使用情况，下面将主要对混凝土泵和混凝土振动机做一下介绍。

（二）混 凝 土 泵

1. 混凝土泵工作性质及原理

按其工作原理可分为：挤压式混凝土泵和液压活塞式混凝土泵。

液压活塞式混凝土泵主要由料斗、混凝土缸、分配阀、液压控制系统和输送管等组成。通过液压控制系统使分配阀交替启闭。液压缸与混凝土缸连接，通过液压缸活塞杆的往复运动以及分配阀的协同动作，使两个混凝土缸轮流交替完成吸入与排出混凝土的工作过程。目前国内外均普遍采用液压活塞式混凝土泵。

2. 混凝土泵的组成与功用

混凝土泵发展到今天，因电机功率、输送效率等的不同生产厂家对其详细分类已多达数百种，但其工作性质与原理基本相似。以下以中联重工的 HBT60 型混凝土泵为例，介绍其结构特点与泵送原理。其结构组成如图 3-1 所示。

其泵送系统如图 3-2 所示，混凝土活塞 7、8 分别与主液压缸 1、2 活塞杆连接，在主液压缸液压油作用下，作往复运动，一缸前进，则另一缸后退；混凝土缸出口与料斗连通，分配阀一端接出料口，另一端能过花键轴与摆臂连接，在摆动油缸作用下，可以左右摆动。泵送混凝土料时，在主液压缸作用下，混凝土活塞 7 前进，混凝土活塞 8 后退，同时在摆动液压缸作用下，分配阀 10 与混凝土缸 5 连通，混凝土缸 6 与料斗连通。这样混凝土活塞 8 后退，便将料斗内的混凝土吸入混凝土缸，混凝土活塞 7 前进，将混凝土缸内混凝土料送入分配阀泵出。当混凝土活塞 8 后退至行程终端时，触发水箱 3 中的换向装置 4，主液压缸 1、2 换向，同时摆动液压缸 12、13 换向，使分配阀 10 与混凝土缸 6 连通，混凝土缸 5 与料斗连通，这时活塞 7 后退，活塞 8 前进。反复循环，从而实现连续泵送。

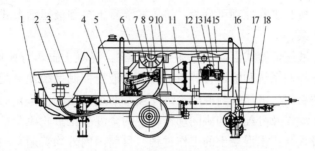

图 3-1　HBT60 型混凝土泵

1—分配机构；2—搅拌机构；3—料斗；4—机架；5—液压油箱；6—机罩；
7—液压系统；8—冷却系统；9—拖运桥；10—润滑系统；11—动力系统；
12—工具箱；13—清洗系统；14—电机；15—电气系统；
16—软启动箱；17—支地轮；18—泵送系统

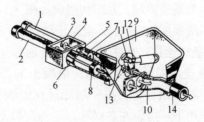

图 3-2　泵送系统

1、2—主液压缸；3—水箱；4—换向装置；5、6—混凝土缸；7、8—活塞；
9—料斗；10—分配阀；11—摆臂；12、13—摆动液压缸；14—出料口反泵时，通过反泵操作，使处在吸入行程的混凝土缸与分配阀连通，处在推送行程的混凝土缸与料斗连通，从而将管道中的混凝土抽回料斗(图 3-3)。

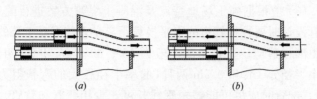

图 3-3　混凝土推行状态
(a)正泵状态；(b)反泵状态

泵送系统通过分配阀的转换完成混凝土的吸入与排出动作，因此分配阀是混凝土泵中的关键部件，其形式会直接影响到混凝土泵的性能。

3. 混凝土泵使用要点

随着混凝土的不断发展，混凝土泵已被广泛地应用在混凝土浇筑工程中。为了确保混凝土泵达到规定的技术状况，必须认真执行使用和维修保养规程，以提高混凝土泵送施工质量与进度。

(1) 操作者及有关设备管理人员应仔细阅读使用说明书，掌握其结构原理、使用和维护以及泵送混凝土的有关知识；使用及操作混凝土泵时，应严格按照使用说明书执行。因操作者能完全掌握机械性能需要有个过程，因此使用说明书应随机备用。同时，应根据使用说明书制订专门的操作要点，达到能有效地控制泵送技术中的一些可变因素，如泵机位置、管道布置等。

(2) 支撑混凝土泵的地面应平坦、坚实；整机需水平放置，工作过程中不应倾斜。支腿应能稳定地支撑整机，并可靠地锁住或固定。泵机位置既要便于混凝土搅拌运输车的进出及向料斗进料,又要考虑有利于泵送布管以及减少泵送压力损失,同时要求距离浇筑地点近,供电、供水方便。

(3)应根据施工场地特点及混凝土浇筑方案进行配管,配管设计时要校核管道的水平换算距离是否与混凝土泵的泵送距离相适应。弯管角度一般为 15°、30°、45°和 90°四种,曲率半径分 1m 和 0.5m 两种(曲率半径较大的弯管阻力较小)。配管时应尽可能缩短管线长度,少用弯管和软管。输送管的铺设应便于管道清洗、故障排除和拆装维修。当新管和旧管混用时,应将新管布置在泵送压力较大处。配管过程中应绘制布管简图,列出各种管件、管卡、弯管和软管等的规格和数量,并提供清单。

(4)需垂直向上配管时,随着高度的增加即势能的增加,混凝土存在回流的趋势,因此应在混凝土泵与垂直配管之间铺设一定长度的水平管道,以保证有足够的阻力防止混凝土回流。当泵送高层建筑混凝土时,需垂直向上配管,此时其地面水平管长度不宜小于垂直管长度的 1/4。如因场地所限,不能放置上述要求长度的水管时,可采用弯管或软管代替。

在垂直配管与水平配管相连接的水平配管一侧,宜配置一段软件包管。另外在垂直配管的下端应设置减振支座。垂直向上配管的形式如图 3-4 所示。

(5)在混凝土泵送过程中,随着泵送压力的增大,泵送冲击力将迫使管来回移动,这不仅损耗了泵送压力,而且使泵管之间的连接部位处于冲击和间断受拉的状态,可导致管卡及胶圈过早受损、水泥浆溢出,因此必须对泵加以固定。

(6)混凝土泵与输送管连通后,应按混凝土泵使用说明

24

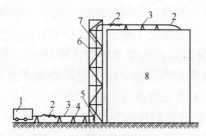

图 3-4　垂直向上的管路布置
1—泵车；2—软管；3—水平管；4—支架；
5—减振支座；6—管架；7—垂直管；8—建筑物

书的规定进行全面检查，符合要求后方能开机进行空运转。空载运行 10min 后，再检查一下各机构或系统是否工作正常。

（7）在炎热季节施工时，宜用湿草袋、湿罩布等物覆盖混凝土输送管，以避免阳光直接照射，可防止混凝土因坍落度损失过快而造成堵管。

（8）在严寒地区的冬季进行混凝土泵送施工时，应采取适当的保温措施，宜用保温材料包裹混凝土输送管，防止管内混凝土受冻。

（9）混凝土的可泵性。泵送混凝土应满足可泵性要求，必要时应通过试泵送确定泵送混凝土的配合比。

（10）混凝土泵启动后应先泵送适量水，以湿润混凝土泵的料斗、混凝土缸和输送管等直接与混凝土接触的部位。泵送水后再采用下列方法之一润滑上述部位：泵送水泥浆；泵送 1:2 的水泥砂浆；泵送除粗骨料外的其他成分配和比的水泥砂浆。润滑用的水泥浆或水泥砂浆应分散布料，不得集中浇筑在同一地方。

（11）开始泵送时，混凝土泵应处于慢速、匀速运行的状态，然后逐渐加速。应同时观察混凝土泵的压力和各系统的工作情况，待各系统工作正常后方可以正常速度泵送。

（12）混凝土泵送工作尽可能连续进行，混凝土缸的活塞应保持以最大行程运行，以便发挥混凝土泵的最大效能，并可使混凝土缸在长度方向上磨损均匀。

（13）混凝土泵若出现压力过高且不稳定、油温升高、输送管明显振动及泵送困难等现象时，不得强行泵送，应立即查明原因予以排除。可先用木槌敲击输送管的弯管、锥形管等部位，并进行慢速泵送或反泵，以防止堵塞。

（14）当出现堵塞时，应采取下列方法排除：

若堵塞不严重，重复进行反泵和正泵运行，逐步将混凝土吸出返回至料斗中，经搅拌后再重新泵送；若堵塞严重应首先用木槌敲击等方法查明堵塞部位，待混凝土击松后重复进行反泵和正泵运行，以排除堵塞。当上述两种方法均无效时，应在混凝土卸压后拆开堵塞部位，待排出堵塞物后重新泵送。

（15）泵送混凝土宜采用预拌混凝土，也可在现场设搅拌站供应泵送混凝土，但不得泵送手工搅拌的混凝土。对供应的混凝土应予以严格的控制，随时注意坍落度的变化，对不符合泵送要求的混凝土不允许入泵，以确保混凝土泵有效地工作。

（16）混凝土泵料斗上应设置筛网，并设专人监视进料，避免因直径过大的骨料或异物进入而造成堵塞。

（17）泵送时，料斗内的混凝土存量不能低于搅拌轴位置，以避免空气进入泵管引起管道振动。

（18）当混凝土泵送过程需要终断时，其中断时间不宜超过 1h。并应每隔 5～10min 进行反泵和正泵运转，以防止管道中因混凝土泌水或坍落度损失过大而堵管。

（19）泵送完毕后，必须认真清洗料斗及输送管道系统。混凝土缸内的残留混凝土若清除不干净，将在缸壁上固化，当活塞再次运行时，活塞密封面将直接承受缸壁上已固化的混凝土对其的冲击，导致推送活塞局部剥落。这种损坏不同于活塞密封的正常磨损，密封面无法在压力的作用下自我补偿，从而导致漏浆或吸空，引起泵送无力、堵塞等。

（20）当混凝土可泵性差或混凝土出现泌水、离析而难以泵送时，应立即对配合比、混凝土泵、配管及泵送工艺等进行研究，并采取相应措施解决。泵送高度和混凝土坍落度的关系见表 3-1。

泵送高度和混凝土坍落度关系　　　表 3-1

泵送高度(m)	30 以下	30～60	60～100	100 以上
坍落度(mm)	100～140	140～160	160～180	180～200

（三）混凝土振动器

1. 混凝土振动器的振动原理

用混凝土搅拌机拌合好的混凝土浇筑构件时，必须排除其中气泡，进行捣固，使混凝土密实结合，消除混凝土的蜂窝麻面等现象，以提高其强度，保证混凝土构件的质量。混凝土振动器就是一种借助动力通过一定装置作为振源产生频繁的振动，并使这种振动传给混凝土，以振动捣实混凝土的设备。

2. 混凝土振动器的分类

混凝土振动器的种类繁多。按传递振动的方式分为内部振动器、外部振动器和表面振动器三种；按振动器的动力来源分为电动式、内燃式和风动式三种，以电动式应用最广；按振动器的振动频率分为低频式、中频式和高频式三种；按振动器产生振动的原理分为偏心式和行星式两种。常用混凝土振动器的特点及其适用范围见表3-2。

常用混凝土振动器的特点及其适用范围　　表3-2

分类	举例	特　　点	适用范围
内部振动器	电动软轴行星插入式混凝土振动器	行星振动子是装在振动棒体内的滚锥在滚动，滚锥与滚道直径越接近，公转次数就越高，振动频率也相应提高。其主要特点是启动容易，生产率高，性能可靠，使用寿命长	适用于各种混凝土施工，对于塑性、平塑性、干硬性、半干硬性以及有钢筋或无钢筋的混凝土捣实均能适用
	电动软轴偏心插入式混凝土振动器	偏心振动子是装在振动棒体内的偏心轴旋转时产生的离心力造成振动，偏心轴的转速和振动频率相等。其主要特点是体积小，质量轻，转速高，不需防逆装置，结构简单	
表面振动器	平板式表面振动器	振动力由偏心块产生，振动器用螺栓或其他锁紧装置固定在模板外部，间接传播给混凝土。在附着式振动器底部附加一块固定板，即成为平板式振动器，可直接放在混凝土表面上移动进行振实	适用于大面积、厚度小的混凝土，如混凝土预制构件板、路面、桥面等
外部振动器	混凝土振动台	装有激振器的机架支承在弹簧上，机架上安置装有混凝土混合料的钢模板，在激振器作用下，机架连同模板及混合料一起振动，使混凝土密实成型	大批生产空心板、壁板及厚度不大的梁柱构件等的成型设备

3. 混凝土内部振动器

混凝土内部振动器主要用于梁、柱、钢筋加密区的混凝土振动设备，常用的内部振动器为电动软轴插入式振动器，其结构如图3-5所示。

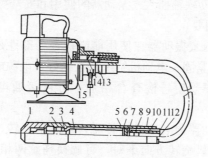

图 3-5　电动软轴插入式振动器结构

1—尖头；2—滚道；3—套管；4—滚锥；5—油封座；6—油封；

7—大间隙轴承；8—软轴接头；9—软管接头；10—锥套；11—软管；

12—软轴；13—连接头；14—防逆装置；15—电动机

（1）电动软轴行星插入式振动器

它是利用振动棒中一端空悬的转轴旋转时，其下垂端的圆锥部分沿棒壳内的圆锥面滚动，从而形成滚动体的行星运动，以驱动棒体产生圆周振动，其结构如图 3-6 所示。

图 3-6　电动软轴行星插入式振动器

（2）电动软轴偏心插入式振动器

它是利用振动棒中心安装的具有偏心质量的转轴在高速旋转时产生的离心力通过轴承传递给振动棒壳体，从而使振动棒产生圆周振动的，其结构如图 3-7 所示。

图 3-7　电动软轴偏心插入式振动器

(3) 电动软轴插入式振动器的使用和安全操作要点

1) 使用要点

A. 插入式振动器在使用前应检查各部件是否完好，各连接处是否紧固，电动机绝缘是否良好，电源电压和频率是否符合铭牌规定，检查合格后，方可接通电源、进行试运转。

B. 振动器的电动机旋转时，若软轴不转，振动棒不启振，系电动机旋转方向不对，可调换任意两相电源线即可；若软轴转动，振动棒不启振，可摇晃棒头或将棒头轻磕地面，即可启振。当试运转正常后，方可投入作业。

C. 作业时，要使振动棒自然沉入混凝土，不可用力猛往下推。一般应垂直插入，并插到下层尚未初凝层中 50～100mm，以促使上下层相互结合。

D. 振动时，要做到"快插慢拔"。快插是为了防止将表层混凝土先振实，与下层混凝土发生分层、离析现象。慢拔是为了使混凝土能来得及填满振动棒抽出时所形成的空间。

E. 振动棒各插点间距应均匀，一般间距不应超过振动棒有效作用半径的 1.5 倍。

F. 振动棒在混凝土内振密的时间，一般每插点振密 20～30s，见到混凝土不再显著下沉，不再出现气泡，表面泛出水泥浆和外观均匀为止。如振密时间过长，有效作用半径虽然能适当增加，但总的生产率反而降低，而且还可能使振动棒附近混凝土产生离析，这对塑性混凝土更为重要。此外，振动棒下部振幅要比上部大，故在振密时，应将振动棒上下抽动 5～10cm，使混凝土振密均匀。

G. 作业中要避免将振动棒触及钢筋、芯管及预埋件等，更不得采取通过振动棒振动钢筋的方法来促使混凝土振密。否则就会因振动而使钢筋位置变动，还会降低钢筋与混凝土之间的粘结力，甚至会发生相互脱离，这对预应力钢筋影响更大。

H. 作业时，振动棒插入混凝土的深度不应超过棒长的 2/3～3/4。否则振动棒将不易拔出而导致软管损坏；更不得将软管插入混凝土中，以防砂浆浸蚀及渗入软管而损坏机件。

I. 振动器在使用中如温度过高，应即停机冷却检查，如机件故障，要及时进行修理。冬季低温下，振动器作业前，要采取缓慢加温，使棒体内的润滑油解冻后，方能作业。

2) 安全操作要点

A. 插入式振动器电动机电源上，应安装漏电保护装置，熔断器选配应符合要求，接地应安全可靠。电动机未接地线或接地不良者，严禁开机使用。

B. 振动器操作人员应掌握一般安全用电知识，作业时应穿戴好胶鞋和绝缘橡皮手套。

C. 工作停止移动振动器时，应即停止电动机转动；搬动振动器时，应切断电源。不得用软管和电缆线拖拉、扯动电动机。

D. 电缆上不得有裸露之处，电缆线必须放置在干燥、明亮处；不允许在电缆线上堆放其他物品，以及车辆在其上面直接通过；更不能用电缆线吊挂振动器等物。

E. 作业时，振动棒软管弯曲半径不得小于规定值；软管不得有断裂。若软管使用过久，长度变长时，应及时进行修复或更换。

F. 振动器启振时，必须由操作人员掌握，不得将启振的振动棒平放在钢板或水泥板等坚硬物上，以免振坏。

G. 严禁用振动棒撬拔钢筋和模板，或将振动棒当锤使用；操作时勿使振动棒头夹到钢筋里或其他硬物中而造成损坏。

H. 作业完毕，应将电动机、软管、振动棒擦拭干净，按规定要求进行保养作业。振动器存放时，不要堆压软管，应平直放好，以免变形；并应防止电动机受潮。

4. 混凝土表面振动器

混凝土表面振动器有多种，其中最常用的是平板式表面振动器。平板式表面振动器(图 3-8)是将它直接放在混凝土表面上，振动器 2 产生的振动波通过与之固定的振动底板 1 传给混凝土。由于振动波是从混凝土表面传入，故称表面振动器。工作时由两人握住振动器的手柄 4，根据工作需要进行拖移。它适用于厚度不大施工面积大的场所。

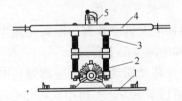

图 3-8　平板式表面振动器结构

1—振动底板；2—振动器；3—减振弹簧；4—手柄；5—控制器

平板式振动器作业时，要使平板与混凝土保持接触，使振波有效地振实混凝土，待表面出浆，不再下沉后，即可缓慢向前移动，移动速度以保证混凝土振实出浆为准。在振的振动器，不得放在已凝或初凝的混凝土上。

5. 混凝土外部振动器

混凝土外部振动器在现场使用较少，在实验室使用较多，其中较为常见的为混凝土振动台。

(1) 混凝土振动台的构造

混凝土振动台通常用来振动混凝土预制构件。装在模板内的预制品置放在与振动器连接的台面上，振动器产生的振动波通过台面与模板传给混凝土预制品，其外形结构如图 3-9 所示。

图 3-9 混凝土振动台

振动台是由上部框架、下部框架、支承弹簧、电动机、齿轮箱、振动子等组成。上部框架为振动台台面，它通过螺旋弹簧支承在下部框架上；电动机通过齿轮箱将动力等速反向地传给固定在台面下的两行对称偏心振动子，其振动力的水平分力任何时候都相平衡，而垂直分力则相叠加，因而只产生上下方向的定向振动，有效地将模板内的混凝土振动成型。

(2) 振动台的使用操作要点

1) 振动台是一种强力振动成型设备，应安装在牢固的基础上，地脚螺栓应有足够强度并拧紧。同时在基础中间必须留有地下坑道，以便调整和维修。

2) 使用前要进行检查和试运转，检查机件是否完好，所有紧回件特别是轴承座螺栓、偏心块螺栓、电动机和齿轮箱螺栓等，必须紧固牢靠。

3) 振动台不宜空载长时间运转。作业中必须安置牢固可靠的模板并锁紧夹具，以保证模板及混凝土和台面一起振动。

4）齿轮因承受高速重负荷，故需要有良好的润滑和冷却。齿轮箱内油面应保持在规定的水平面上，工作时温升不得超过 70℃。

5）应经常检查各类轴承并定期拆洗更换润滑油。作业中要注意检查轴承温升，发现过热应停机检修。

6）电动机接地应良好可靠，电源线与线接头应绝缘良好，不得有破损漏电现象。

7）振动台台面应经常保持清洁平整，使其与模板接触良好。由于台面在高频重载下振动，容易产生裂纹，必须注意检查，及时修补。

四、钢筋机械

（一）基本知识

1. 钢筋机械工作性质

钢筋机械是用于钢筋原、配料加工和成型加工的机械。

2. 现场常用钢筋机械的种类

现场常用钢筋机械类组划分表见表 4-1。

现场常用钢筋机械类组划分表　　　　表 4-1

类	组	产品名称
钢筋机械	钢筋加工机械	钢筋弯曲机
		钢筋调直剪切机
		钢筋切断机
	钢筋强化机械	钢筋冷拉机
		钢筋冷拔机
	钢筋连接机械	钢筋冷挤压连接机
		钢筋对焊机
		钢筋螺纹成型机
	钢筋预应力机械	预应力钢丝拉伸设备

(二) 钢 筋 弯 曲 机

1. 钢筋弯曲机的构造

钢筋弯曲机有机械钢筋弯曲机、液压钢筋弯曲机和钢筋弯箍机等几种形式。机械式钢筋弯曲机按工作原理分为齿轮式及蜗轮蜗杆式钢筋弯曲机两种。其构造如图 4-1 所示。

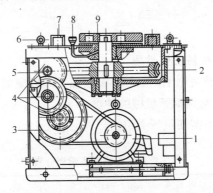

图 4-1 蜗轮蜗杆式钢筋弯曲机构造示意图

1—电动机；2—蜗轮；3—皮带轮；4—齿轮；5—蜗杆；
6—滚轴；7—插入座；8—油杯；9—工作盘

2. 钢筋弯曲机的工作原理(图 4-2)

蜗轮蜗杆式钢筋弯曲机由电机、工作盘、插入座、蜗轮、蜗杆、皮带轮、齿轮及滚轴等组成。也可在底部装设行走轮，便于移动。其构造如图 4-1 所示。弯曲钢筋在工作盘上进行，工作盘的底面与蜗轮轴连在一起，盘面上有 9 个轴孔，中心的一个孔插中心轴，周围的 8 个孔插成型轴或轴套。工作盘外的插入孔上插有挡铁轴。它由电动机带动三角皮带轮旋转，皮带轮通过齿轮传动蜗轮蜗杆，再带动工作盘旋转。当工作盘旋转时，中心轴和成型轴都在转动，由于中心轴在圆心上，圆盘虽在转动，但中心轴位置并没有移动；而成型轴却围绕着中心轴作圆弧转动。如果钢筋一端被挡铁轴阻止自由活动，那么钢筋就被成型轴绕着中心轴进行弯曲。通过调整成型轴的位置，可将钢筋弯曲成所需的形状。改变中心轴的直径（16、20、25、35、45、60、75、85、100mm），可保证不同直径的钢筋所需的不同的弯曲半径。

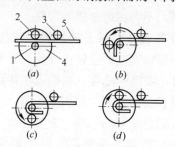

图 4-2　钢筋弯曲机工作原理图

1—芯轴；2—成型轴；3—挡铁轴；4—工作盘；5—钢筋

3. 钢筋弯曲机技术性能

钢筋弯曲机技术性能主要包括如下参数：弯曲钢筋直径（mm）、固定速比、挂轮速比、工作盘转速（r/min）、电动机、功率（kW）、控制电器、外形尺寸（mm）、整机质量（kg）等。其性能参数见表 4-2。

钢筋弯曲机主要技术性能　表 4-2

类　　别	弯　曲　机				
型号	GW32	GW40A	GW40B	GW40D	GW50A
弯曲钢筋直径(mm)	6～32	6～40	6～40	6～40	6～50
工作盘直径(mm)	360	360	350	360	360
工作盘转速(r/min)	10/20	3.7/14	3.7/14	6	6

4. 钢筋弯曲机的使用要点

(1) 工作台和弯曲机台面应保持水平，作业前应准备好各种芯轴及工具。

(2) 应按加工钢筋的直径和弯曲半径的要求，装好相应规格的芯轴和成型轴、挡铁轴。芯轴直径应为钢筋直径的2.5倍。挡铁轴应有轴套。

(3) 挡铁轴的直径和强度不得小于被弯钢筋的直径和强度。不直的钢筋，不得在弯曲机上弯曲。

(4) 应检查并确认芯轴、挡铁轴、转盘等无裂纹和损伤，防护罩坚固可靠，空载运转正常后，方可作业。

(5) 作业时，需将钢筋弯一端插入在转盘固定销的间隙内，另一端紧靠机身固定销，并用手压紧；应检查机身固定销并确认安放在挡住钢筋的一侧，方可开动。

(6) 作业中，严禁更换轴芯、销子和变换角度以及调速，也不得进行清扫和加油。

(7) 对超过机械铭牌规定直径的钢筋严禁进行弯曲。在弯曲未经冷拉或带有锈皮的钢筋时，应戴防护镜。

(8) 弯曲高强度或低合金钢筋时，应按机械铭牌规定换算最大允许直径并应调换相应的芯轴。

(9) 在弯曲钢筋的作业半径内和机身不设固定销的一侧严禁站人。弯曲好的半成品，应堆放整齐，弯钩不得朝上。

(10) 转盘换向时，应待停稳后进行。

(11) 作业后，应及时清除转盘及插入座孔内的铁锈、杂物等。

5. 钢筋弯曲机常见故障及排除方法

钢筋弯曲机常见故障及排除方法见表4-3。

钢筋弯曲机常见故障及排除方法表 表 4-3

故　　障	原　　因	排　除　方　法
弯曲的钢筋角度不合适	运用中心轴和挡铁轴不合理	按规定选用中心轴和挡铁轴
弯曲大直径钢筋时无力	传动皮带松弛	调整皮带紧度
弯多根钢筋时，最上面的钢筋在机器开动后跳出	钢筋没有把住	将钢筋用力把住并保持一致
立轴上部与轴套配合处发热	1. 润滑油路不畅，有杂物阻塞不过油 2. 轴套磨损	1. 清除杂物，疏通润滑油路 2. 更换轴套

（三）钢筋调直剪切机

1. 钢筋调直剪切机的工作原理

盘料架系承载被调直的盘圆钢筋的装置，当钢筋的一端进入主机调直时，盘料架随之转动，机停转动停。调直机构由调直筒和调直块组成，调直块固定在调直筒上，调直筒转动带动调直块一起转动，它们之间相对位置可以调整，借助于相对位置的调整来完成钢筋调直。钢筋牵引由一对带有沟槽的压辊组成，在扳动手柄时，两压辊可分可离，手轮可调压辊的压紧力，以适应不同直径的钢筋。钢筋切断机构主要由锤头和方刀台组成，锤头上下运动，方刀台水平运动，内部装有上下切刀，当方刀台移动至锤头下面时，上切刀被锤头砸下与下切刀形成剪刀，钢筋被切断。承料架由三段组成，每段 2m，上部装有拉杆定尺机构，保证被切钢筋定尺，下部可承接被切钢筋。电机及控制系统电路全部安装在机座内，通过转换开关，控制电机正反转，使钢筋前进或倒退。

由电动机通过皮带传动增速，使调直筒高速旋转，穿过调直筒的钢筋被调直，并由调直模清除钢筋表面的锈皮；由电动机通过另一对减速皮带传动和齿轮减速箱，一方面驱动两个传送压辊，牵引钢筋向前运动，另一方面带动曲柄轮，使锤头上下运动。当钢筋调直到预定长度，锤头锤击上刀架，将钢筋切断，切断的钢筋落入承料架时，由于弹簧作用，刀台又回到原位，完成一个循环。其工作原理如图 4-3 所示。

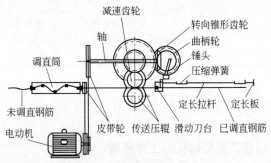

图 4-3 钢筋调直机工作原理图

2. 钢筋调直剪切机的构造及性能

（1）构造

钢筋调直剪切机构造如图 4-4 所示。

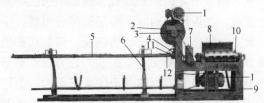

图 4-4 钢筋调直剪切机构造图

1—电机；2—切断行轮；3—曲轴总成；4—切断总成；5—滑道；
6—滑道支架；7—送丝压滚总成；8—调直总成；9—机器立体；
10—机器护罩；11—滑道限位锁片；12—滑道拉簧

（2）技术性能

以某品牌钢筋调直剪切机为例，主要技术性能见表4-4。

钢筋调直剪切机主要技术性能　　　　表 4-4

型　号	GT 1.6/4	GT 3/8	GT 6/12	GT 5/17	LGT 4/8	LGT 6/14	WGT 10/16
钢筋公称直径 (mm)	1.6～4	3～8	6～12	5～7	4～8	6～14	10～16
钢筋抗拉强度 （MPa）	650	650	650	1500	800	800	1000
切断长度 （mm）	300～ 8000	300～ 8000	300～ 8000	300～ 8000	300～ 8000	300～ 8000	300～ 8000
切断长度误差 （mm）	1	1	1	1	1	1.5	1.5
牵引速度 （m/min）	20～30	40	30～50	30～50	40	30～50	20～30
调直筒转速 （r/min）	2800	2800	1900	1900	2800	1450	1450

3. 钢筋调直剪切机操作使用

机器安装完毕试调直过程中，应对调整部分进行试调，试调工作必须由专业技术人员完成，以便使加工出的钢筋满足使用要求。钢筋调直机的局部构造如图 4-5 所示。

（1）调直块的调整

调直筒内有五个与被调钢筋相适应的调直块，一般调整第三个调直块，使偏移中心线 3mm，如图 4-6 中（a）所示。若试调钢筋仍有慢弯，可加大偏移量，钢筋拉伤严重，可减小偏移量。

对于冷拉的钢料，特别是弹性高的，建议调直块 1、5

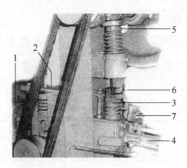

图 4-5　钢筋调直机局部构造图

1—调直滚；2—牵引轮；3—切刀；4—跑道；5—冲压主轴；
6—下料开口时间调节丝；7—下料开口大小调节丝

在中心线上，3 向一方偏移，2、4 向 3 的反方向偏移，如图 4-6(*b*)所示。偏移量由试验确定，达到调出钢筋满意为止，长期使用调直块要磨损，调直块的偏移量相应增大，磨损严重时需更换。

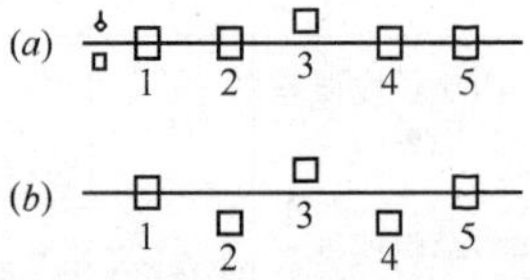

(2) 压辊的调整与使用

本机有两对压辊可供调不同直径钢筋时使用，对于四槽压辊如用外边的槽将压辊垫圈放在外边，如用里边的槽，要将压辊垫圈装在压辊的背面或将压辊翻转。入料前将手柄 4 转向虚线位置，此时抬起上压辊，把被调料前端引入压辊间，而后手柄转回 4，再根据被调钢筋直径的大小，旋紧或放松手轮 6 来改变两辊之间的压紧力，如图 4-7 所示。

一般要求两轮之间的夹紧力

(a)
(b)

图 4-6　调直块调整示意图

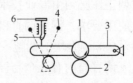

图 4-7　压辊调整机结构图

1—上压辊；2—下压辊；

3—框架；4—手柄；

5—压簧；6—手轮

42

要能保证钢筋顺利地被牵引，看不见料有明显的转动，而在切断的瞬间，钢筋在压辊之间有明显的打滑现象为宜。

（3）上下切刀间隙调整

上下切刀间隙调整是在方刀台没装入机器前进行的（图 4-8）。上切刀 3 安装在刀架 2 上，下切刀装在机体上，刀架又在锤头的作用下可上下运动，与固定的下切刀对钢筋实现切断，旋转下切刀可调整两刀间隙，一般是保证两刀口靠得很近，而上切刀运动时又没有阻力，调好后要旋紧下切刀的锁紧螺母。

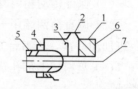

图 4-8　方刀台总成示意图
1—方刀台；2—刀架；3—上切刀；
4—锁母；5—下切刀；
6—拉杆；7—钢筋

（4）承料架的调整和使用

1）根据钢筋直径确定料槽宽度，若钢筋直径大时，将螺钉松开，移动下角板向左，料槽宽度加大，反之则小，一般料槽宽度比钢筋直径大 15％～20％。

2）支承柱旋入上角板后，用被调钢筋插入料槽，沿着料槽纵向滑动，要能感到阻力，钢筋又能通过，试调中钢筋能从料槽中由左向右连续挤出为宜，否则重调，然后将螺母锁紧。

3）定尺板位置按所需钢筋长度而定，如果支承柱或拉杆托块防碍定尺板的安装，可暂时取下。

4）定尺切断时拉杆上的弹簧要施加预压力，以保证方刀能可靠弹回为准，对粗料同时用三个弹簧，对细料用其中一个或两个，预压力不足能引起连切，预压力过大可能出现在切断时被顶弯，或者压辊过度拉伤钢筋。

5）每盘料开头一段经常不直，进入料槽，容易卡住，所以应用手动机构切断，并从料槽中取出。每盘料末尾一段要高度注意，最好缓慢送入调直筒，以防折断伤人。

4. 保养与维修

（1）保证传动箱内有足够的润滑油，定期更换。

（2）调直筒两端用干油润滑，定期加油。锤头滑块部位每班加油一次，方刀台导轨面要每班加油一次。

（3）盘料架上部孔定期加干油，承料架托块每班要加润滑油。

（4）定期检查锤头和切刀状态，如有损坏及时更换。

（5）不要打开皮带罩和调直筒罩开车，以防发生危险。

（6）机器电气部分要装有接地线。

（7）调直剪切机在使用过程中若出现故障一般由专业人员进行检修处理，在本书中只作一般介绍，见表4-5。

钢筋调直剪切机故障产生原因及排除方法　　　　表 4-5

故　障	产　生　原　因	排　除　方　法
方刀台被顶出导航	牵引力过大 料在料槽中运动阻力过大	减小压辊压力 调整支承柱旋入量，调整偏移量，提高调直质量，加大拉杆弹簧预压外力
连刀用象	拉杆弹簧预紧力小 压辊力过大 料槽阻力大	加大预紧力 排除方法同方刀台被顶出导航
调前未定尺寸从料槽落下	支承柱旋入短	调整支承柱
钢筋不直	调直块偏移量小	加大偏移量
钢筋表面拉伤	压辊压力过大 调直块偏移量过大 调直块损坏	减小压力 减小偏移量 更换调直块

故　　障	产 生 原 因	排 除 方 法
弯丝	见说明书	调正调直块角度，看调直器与压滚槽、切断总成是否在一条直线上
出现断丝	见说明书	调直块角度过大，切断总成上压簧变软，刀退不回，送丝滚上的压簧过松，材质不好
跑丝	见说明书	压滚压簧过紧，滑道拔簧过松，滑道下边拖丝钢棍不到位，滑道不滑动
出现短节	见说明书	滑道与主机拉簧过松，调整拉簧
机器出现振动	见说明书	调整调直块的平衡度

（四）钢 筋 切 断 机

1. 钢筋切断机原理和构造

钢筋切断机是用来把钢筋原材料或已调直的钢筋切断，其主要类型有机械式、液压式和手持式。机械式钢筋切断机有偏心轴立式、凸轮式和曲柄连杆式等形式。常见的为曲柄连杆式钢筋切断机。

曲柄连杆式钢筋切断机又分开式（图 4-9）、半开式及封闭式三种，它主要由电动机、曲柄连杆机构、偏心轴、传动齿轮、减速齿轮及切断刀等组成。曲柄连杆式钢筋切断机由电动机驱动三角皮带轮，通过减速齿轮系统带动偏心轴旋转。偏心轴上的连杆带动滑块和活动刀片在机座的滑道中作往复运动，配合机座上的固定刀片切断钢筋。

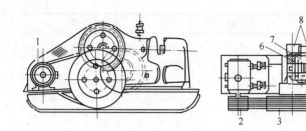

图 4-9　曲柄连杆开式钢筋切断机结构示意图

1—电机；2、3—皮带轮；4、8—减速齿轮；5—固定刀；

6—连杆；7—偏心轴；9—滑块；10—活刀

2. 钢筋切断机使用、操作要点

（1）接送料的工作台面应和切刀下部保持水平，工作台的长度可根据加工材料长度决定。

（2）启动前，必须检查切刀无裂纹，刀架螺栓紧固，防护罩牢靠。然后用于转动皮带轮，检查齿轮啮合间隙，调整切刀间隙。

（3）启动后，先空运转，检查各传动部分及轴承运转正常后，方可作业。

（4）机械未达到正常转速时，不可切料。切料时，必须使用切刀的中、下部位，紧握钢筋，对准刃口迅速投入。应在固定刀片一侧握紧并压住钢筋，以防钢筋末端弹出伤人。严禁用两手分在刀片两边握住钢筋俯身送料。

（5）不得剪切直径及强度超过机械铭牌规定的钢筋和烧红的钢筋。一次切断多根钢筋时，其总截面积应在规定范围内。

（6）剪切低合金钢时，应更换高硬度切刀，剪切直径应符合铭牌规定。

（7）切断短料时，手和切刀之间的距离应保持在150mm以上，如手握端小于400mm时，应采用套管或夹具将钢筋短头压住或夹牢。

（8）运转中，严禁直接清除切刀附近的断头和杂物，钢筋摆动周围和切刀周围不得停留非操作人员。

（9）发现机械运转不正常、有异常或切刀歪斜等情况，应立即停机检修。

（10）作业后，切断电源，用钢刷清除切刀间的杂物，进行整机清洁润滑。

3. 钢筋切断机常见故障及排除方法

钢筋切断机常见故障及排除方法见表4-6。

钢筋切断机常见故障及排除方法　　　表4-6

故　障	原　因	排除方法
剪切不顺利	刀片安装不牢固，刀口损伤	紧固刀片或修磨刀口
	刀片侧间隙过大	调整间隙
切刀或衬刀打坏	一次切断钢筋太多	减少钢筋数量
	刀片松动	调整垫铁，拧紧刀片螺栓
	刀片质量不好	更换
切细钢筋时切口不直	切刀过钝	更换或修磨
	上、下刀片间隙太大	调整间隙
轴承及连杆瓦发热	润滑不良，油路不通	加油
	轴承不清洁	清洗
连杆发出撞击声	铜瓦磨损，间隙过大	研磨或更换轴瓦
	连接螺栓松动	紧固螺栓

（五）钢 筋 冷 拉 机

钢筋冷拉机是对热轧钢筋在正常温度下进行强力拉伸的机械。冷拉是把钢筋拉伸到超过钢材本身的屈服点，然后放松，以使钢筋获得新的弹性阶段，提高钢筋强度（20%～25%）。通过冷拉不但可使钢筋被拉直、延伸，而且还可以起到除锈和检验钢材的作用。常用的冷拉机械有阻力轮式、卷扬机式、丝杠式、液压式等。以下介绍阻力轮式钢筋冷拉机和卷扬机式钢筋冷拉机。

1. 阻力轮式钢筋冷拉机

阻力轮式冷拉机的构造如图 4-10 所示。它由支承架、阻力轮、电动机、变速箱、绞轮等组成。主要适用于冷拉直径为 6～8mm 的盘圆钢筋，冷拉率为 6%～8%。若与两台调直机配合使用，可加工出所需长度的冷拉钢筋。阻力轮式冷拉机，是利用一个变速箱，其出头轴装有绞轮，由电动机带动变速箱高速轴，使绞轮随着变速箱低速轴一同旋转，强力使钢筋通过 4 个或 6 个不在一条直线上的阻力轮，将钢筋拉长。绞轮直径一般为 550mm。阻力轮是固定在支承架上的

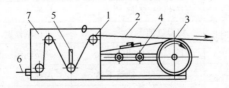

图 4-10　阻力轮式钢筋冷拉设备示意图

1—阻力轮；2—钢筋；3—绞轮；4—变速箱；

5—调节槽；6—钢筋；7—支撑架

滑轮，直径为 100mm，其中一个阻力轮的高度可以调节，以便改变阻力大小，控制冷拉率。

2. 卷扬机式钢筋冷拉机

（1）构造及原理

卷扬机式钢筋冷拉工艺是目前普遍采用的冷拉工艺。它具有适应性强，可按要求调节冷拉率和冷拉控制应力；冷拉行程大，不受设备限制，可适应冷拉不同长度和直径的钢筋；设备简单、效率高、成本低。图 4-11 所示为卷扬机式钢筋冷拉机构造，它主要由卷扬机、滑轮组、地锚、导向滑轮、夹具和测力装置等组成。工作时，由于卷筒上传动钢丝绳是正、反穿绕在两副动滑轮组上，因此当卷扬机旋转时，夹持钢筋的一副动滑轮组被拉向卷扬机，使钢筋被拉伸；而另一副动滑轮组则被拉向导向滑轮，为下次冷拉时交替使用。钢筋所受的拉力经传力杆、活动横梁传送给测力装置，从而测出拉力的大小。对于拉伸长度，可通过标尺直接测量或用行程开关来控制。

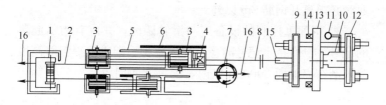

图 4-11　卷扬机式钢筋冷拉机

1—卷扬机；2—传动钢丝绳；3—滑轮组；4—夹具；5—轨道；6—标尺；
7—导向轮；8—钢筋；9—活动前横梁；10—千斤顶；11—油压表；
12—活动后横梁；13—固定横梁；14—台座；15—夹具；16—地锚

（2）主要技术性能

卷扬机式钢筋冷拉机的主要技术性能见表 4-7。

卷扬机式钢筋冷拉机主要技术性能　　　表 4-7

项　　目	粗钢筋冷拉	细钢筋冷拉
卷扬机型号规格	JM5(5吨慢速)	JM3(3吨慢速)
滑轮直径及门数	计算确定	计算确定
钢丝绳直径(mm)	24	15.5
卷扬机速度(m/min)	小于10	小于10
测力器形式	千斤顶式测力器	千斤顶式测力器
冷拉钢筋直径(mm)	12～36	6～12

（3）使用注意事项

1）应根据冷拉钢筋的直径，合理选用卷扬机。卷扬钢丝绳应经封闭式导向滑轮并和被拉钢筋水平方向成直角。卷扬机的位置应使操作人员能见到全部冷拉场地，卷扬机与冷拉中线距离不得少于5m。

2）冷拉场地应在两端地锚外侧设置警戒区，并应安装防护栏及警告标志。无关人员不得在此停留。操作人员在作业时必须离开钢筋2m以外。

3）用配重控制的设备应与滑轮匹配，并应有指示起落的记号，没有指示记号时应有专人指挥。配重框提起时高度应限制在离地面300mm以内，配重架四周应有栏杆及警告标志。

4）作业前，应检查冷拉夹具，夹齿应完好，滑轮、拖拉小车应润滑灵活，拉钩、地锚及防护装置均应齐全牢固。确认良好后，方可作业。

5）卷扬机操作人员必须看到指挥人员发出信号，并待所有人员离开危险区后方可作业。冷拉应缓慢、均匀。当有停车信号或见到有人进入危险区时，应立即停拉，并稍稍放松卷扬钢丝绳。

6）用延伸率控制的装置，应装设明显的限位标志，并应有专人负责指挥。

7）夜间作业的照明设施，应装设在张拉危险区外。当需要装设在场地上空时，其高度应超过 3m。灯泡应加防护罩，导线严禁采用裸线。

8）作业后，应放松卷扬钢丝绳，落下配重，切断电源，锁好开关箱。

（六）钢 筋 冷 拔 机

冷拔丝目前绝大部分由工厂生产，不在施工现场加工，因此不详细介绍冷拔机械。

（七）钢筋冷挤压连接机

钢筋挤压连接机，是将两根待连接的钢筋端部加钢套筒进行挤压，用机械方法使其与钢筋紧紧地结合，将两根钢筋连接为一体的设备。适用于钢筋混凝土结构中钢筋直径为 $\phi16 \sim \phi40$ 的带肋钢筋的径向挤压连接。

钢筋的冷挤压连接目前在施工现场不常见，因此不详细介绍冷挤压机械。

（八）钢 筋 对 焊 机

钢筋对焊机有 UN、UN1，UNs、UNg 等系列。钢筋对焊常用的是 UN1 系列，这种对焊机专用于电阻焊接或闪光焊接低碳钢、有色金属等，按其额定功率不同，有 UN1-25、UN1-75、UN1-100 型杠杆加压式对焊机和 UN1-150 型气压自动加压式对焊机等。以下重点介绍 UN1 系列对焊机。

1. UN1 系列对焊机的构造(图 4-12)

本系列对焊机构造主要由焊接变压器、固定电极、移动电极、送料机构(加压机构)、水冷却系统及控制系统等组成。左右两电极分别通过多层铜皮与焊接变压器次级线圈的导体连接，焊接变压器的次级线圈采用循环水冷却。在焊接处的两侧及下方均有防护板，以免熔化金属溅入变压器及开关中。焊工须经常清理防护板上的金属溅沫，以免造成短路等故障。

(1) 送料机构

送料机构能够完成焊接中所需要的熔化及挤压过程，它主要包括操纵杆、可动横架、调节螺丝等，当将操纵杆在两极位置中移动时，可获得电极的最大工作行程。

(2) 开关控制

按下按钮，此时接通继电器，使交流接触器吸合，于是焊接变压器接通。移动操纵杆，可实施电阻焊或闪光焊。当焊件因塑性变形而缩短，达到规定的顶锻留量，行程螺栓触动行程开关使电源自动切断。控制电源由次级电压为 36V 的控制变压器供电，以保证操作者的人身安全。

(3) 钳口(电极)

左右电极座 8 上装有下钳口 13、杠杆式夹紧臂 10、夹紧螺丝 9，另有带手柄的套钩 7，用以夹持夹紧臂。下钳口为铬锆铜，其下方为籍以通电的铜块，由两楔形铜块组成，用以调节所需的钳口高度。楔形铜块的两侧由护板盖住，图

4-12拆去了铜护板。

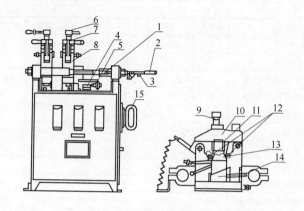

图 4-12　UN1 系列对焊机构造示意图

1—调节螺栓；2—操纵杆；3—按钮；4—行程开关；5—行程螺栓；6—手柄；
7—套钩；8—电极座；9—夹紧螺栓；10—夹紧臂；11—上钳口；
12—下钳口紧固螺栓；13—下钳口；14—下钳口调节螺杆；15—插头

（4）电气装置

焊接变压器为铁壳式，其初级电压为 380V，变压器初级线圈为盘式绕组，次级绕组为三块周围焊有铜水管的铜板并联而成，焊接时按焊件大小选择调节级数，以取得所需要的空载电压。变压器至电极由多层薄铜片连接。焊接过程通电时间的长短，可由焊工通过按钮开关及行程开关控制。

上述开关控制中间继电器，由中间继电器使接触器接通或切断焊接电源。

2. UN1 系列对焊机的主要技术性能

UN1 系列钢筋对焊机的主要技术性能见表 4-8。

UN1 系列钢筋对焊机主要技术性能表　　表 4-8

型　　号	单位	UN1-25	UN1-40	UN1-75	UN1-100	UN1-150
额 定 容 量	kVA	25	40	75	100	150
初 级 电 压	V	380	380	380	380	380
负载持续率	%	20	20	20	20	20
次级电压调节范围	V	3.28~5.13	4.3~6.5	4.3~7.3	4.5~7.6	7.04~11.5
次级电压调节级数	级	8	8	8	8	8
额定调节级数	级	7	7	7	7	7
最大顶锻力	kN	10	25	30	40	50
钳口最大距离	mm	35	60	70	70	70
最大送料行程	mm	15~20	25	30	40~50	50
低碳钢额定焊接截面	mm²	260	380	500	800	1000
低碳钢最大焊接截面	mm²	300	460	600	1000	1200
焊接生产率	次/小时	110	85	75	30	30
冷却水消耗量	升/小时	400	450	400	400	400
重量	kg	300	375	445	478	550
外形尺寸	长 mm	1590	1770	1770	1770	1770
	宽 mm	510	655	655	655	655
	高 mm	1370	1230	1230	1230	1230

3. 对焊机安装使用方法

(1) UN1-25 型对焊机为手动偏心轮夹紧机构。其底座和下电极固定在焊机座板上,当转动手柄时,偏心轮通过夹具上板对焊件加压,上下电极间距离可通过螺钉来调节。当偏心轮松开时,弹簧使电极压力去掉。

(2) UN1 系列其他型号对焊机先按焊件的形状选择钳口,如焊件为棒材,可直接用焊机配置钳口;如焊件异型,应按焊件形状定做钳口。

(3) 调整钳口,使钳口两中心线对准,将两试棒放于下钳口定位槽内,观看两试棒是否对应整齐,如能对齐,对焊机即可使用；如对不齐，应调整钳口。调整时先松开紧固螺栓 12，再调整调节螺杆 14，并适当移动下钳口，获得最佳位置后，拧紧紧固螺栓 12。

（4）按焊接工艺的要求，调整钳口的距离。当操纵杆在最左端时，钳口（电极）间距应等于焊件伸出长度与挤压量之差；当操纵杆在最右端时，电极间距相当于两焊件伸出长度，再加 2～3mm（即焊前之原始位置），该距离调整由调节螺栓 1 获得。焊接标尺可帮助您调整参数。

（5）试焊。在试焊前为防止焊件的瞬间过热，应逐级增加调节级数。在闪光焊时须使用较高的次级空载电压。闪光焊过程中有大量熔化金属溅沫，焊工须戴深色防护眼镜。

低碳钢焊接时，最好采用闪光焊接法。在负载持续率为 20％ 时，可焊最大的钢件截面技术数据见表 4-8。

（6）钳口的夹紧动作如下：

1）先用手柄 6 转动夹紧螺栓 9，适当调节上钳口 11 的位置。

2）把焊件分别插入左右两上下钳口间。

3）转动手柄，使夹紧螺栓夹紧焊件。焊工必须确保焊件有足够的夹紧力，方能施焊，否则可能导致烧损机件。

（7）焊件取出动作如下：

1）焊接过程完成后，用手柄松开夹紧螺栓。

2）将套钩 7 卸下，则夹紧臂受弹簧的作用而向上提起。

3）取出焊件，拉回夹紧臂，套上套钩，进行下一轮焊接。

焊工也可按自己习惯装卡工件，但必须保证焊前工件夹紧。

（8）闪光焊接法。碳钢焊件的焊接规范可参考下列数据：

1）电流密度：烧化过程中，电流密度通常为 6～25 A/mm^2，较电阻焊时所需的电流密度低 20％～50％。

2）焊接时间：在无预热的闪光焊时，焊接时间视焊件的截面及选用的功率而定。当电流密度较小时，焊接时间即延长，通常约为 2～20s 左右。

3）烧化速度：烧化速度决定于电流密度，预热程度及焊件大小，在焊接小截面焊件时，烧化速度最大可为 4～5mm/s，而焊接大截面时，烧化速度则小于 2mm/s。

4）顶锻压力：顶锻压力不足，可能造成焊件的夹渣及缩孔。在无预热闪光焊时，顶锻压力应为 5～7kg/mm^2。而预热闪光焊时，顶锻压力则为 3～4kg/mm^2。

5）顶锻速度：为减少接头处金属的氧化，顶锻速度应尽可能地高，通常等于 15～30mm/s。

4. UN1 系列对焊机的维护与保养

UN1 系列对焊机的维护与保养见表 4-9。

UN1 系列对焊机的维护与保养 表 4-9

保养部位	保养工作技术内容	维护保养方法	保养周期
整机	擦拭外壳灰尘	擦拭	每日一次
	传动机构润滑	向油孔注油	每月一次
	机内清除飞溅物，灰尘	用铁铲去除飞溅物，用压缩气体吹除灰尘	每月一次
变压器	经常检查水龙头接头，防止漏水，使变压器受潮	勤检查，发现漏水迹象及时排除	每日一次
	而次绕组与软铜带连接螺钉松动	拧紧松动螺钉	每季一次
	闪光对焊机要定期清理溅落在变压器上的飞溅物	消除飞溅堆积物	每月一次
电压调节开关	焊机工作时不许调节	焊机空载时可以调节	列入操作规程
	插座应插入到位	插入开关时应用力插到位，插不紧应检修刀夹	每月一次
	开关接线螺钉防止松动	发现松动应紧固螺钉	每月一次

保养部位	保养工作技术内容	维护保养方法	保养周期
电极（夹具）	焊件接触面应保持光洁	清洁，磨修	每日一次
	焊件接触面勿粘连铁迹	磨修或更换电极	每日一次
水路系统	无冷却水不得使用焊机	先开水阀后开焊机	列入操作规程
	保证水路通畅	发现水路堵塞及时排除	每季一次
	出水口水温不得过高	加大水流量，保持进水口水温不高于30℃，出水口温度不高于45℃	每日检查
	冬季要防止水路结冰，以免水管冻裂	每日用完焊机应用压缩空气将机内存水吹除干净	冬季执行
接触器	主触点要防止烧损	研磨修理或更换触点	每季一次
	绕组接线头防止断线、掉头和松动	接好断线掉头处，拧紧松动的螺丝	每季一次

5. UN1 系列对焊机的检修

对焊机检修应在断电后进行，检修应由专业电工进行。

（1）按下控制按钮，焊机不工作。

1）检查电源电压是否正常；

2）检查控制线路接线是否正常；

3）检查交流接触器是否正常吸合；

4）检查主变压器线圈是否烧坏。

（2）松开控制按钮或行程螺栓触动行程开关，变压器仍然工作。

1）检查控制按钮、行程开关是否正常；

2）检查交流接触器、中间继电器衔铁是否被油污粘连不能断开，造成主变压器持续供电。

（3）焊接不正常，出现不应有飞溅。

1) 检查工件是否不清洁，有油污，锈痕；

2) 检查丝杆压紧机构是否能压紧工件；

3) 检查电极钳口是否光洁，有无铁迹。

(4) 下钳口（电极）调节困难。

1) 检查电极、调整块间隙是否被飞溅物阻塞；

2) 检查调整块，下钳口调节螺杆是否烧损、烧结，变形严重。

(5) 不能正常焊接交流，接触器出现异常响声。

1) 焊接时测量交流接触器进线电压是否低于自身释放电压 300V；

2) 检查引线是否太细太长，压降太大；

3) 检查网络电压是否太低，不能正常工作；

4) 检查主变压器是否有短路，造成电流太大；

5) 根据检查出来的故障部位进行修理、换件、调整。

6. 对焊机安全操作规程

(1) 工作人员应熟知对焊机焊接工艺过程。

1) 连续闪光焊：连续闪光、顶锻，顶锻后在焊机上通电加热处理；

2) 预热闪光焊：一次闪光、烧化预热、二次闪光、顶锻。

(2) 操作人员必须熟知所用机械的技术性能（如变压器级数、最大焊接截面、焊接次数、最大顶锻力、最大送料行程）和主要部件的位置及应用。

(3) 操作人员应会根据机械性能和焊接物选择焊接参数。

(4) 焊件准备：清除钢筋端头 120mm 内的铁锈、油污和灰尘。如端头弯曲则应整直或切除。

（5）对焊机应安装在室内并应有可靠的接地（或接零）。多台对焊机安装在一起时，机间距离至少要在 3m 以上。并分别接在不同的电源上。每台均应有各自的控制开关。开关箱至机身的导线应加保护套管。导线的截面应不小于规定的截面面积。

（6）操作前应对焊机各部件进行检查。

1）压力杠杆等机械部分是否灵活；

2）各种夹具是否牢固；

3）供电、供水是否正常。

（7）操作场所附近的易燃物应清除干净，并备有消防设备。操作人员必须戴防护镜和手套，站立的地面应垫木板或其他绝缘材料。

（8）操作人员必须正确地调整和使用焊接电流，使与所焊接的钢筋截面相适应。严禁焊接超过规定直径的钢筋。

（9）断路器的接触点应经常用砂纸擦拭，电极应定期锉光。二次电路的全部螺栓应定期拧紧，以免发生过热现象。

（10）冷却水温度不得超过 40℃，排水量应符合规定要求。

（11）较长钢筋对焊时应放在支架上。随机配合搬运钢筋的人员应注意防止火花烫伤。搬运时，应注意焊接处烫手。

（12）焊完的半成品应堆码整齐。

（13）闪光区内应设挡板，焊接时禁止其他人员入内。

（14）冬季焊接工作完毕后，应将焊机内的冷却水放净，以免冻坏冷却系统。

（九）直螺纹连接机

1. 工作性质

直螺纹连接是利用钢筋端部的外直螺纹和套筒上的内直螺纹来连接钢筋的一种方法。直螺纹连接是钢筋等强度连接的新技术，这种方法不仅接头强度高，而且施工操作简便，质量稳定可靠，可用于 $\phi 20 \sim \phi 40$mm 的同径、异径、不能转动或位置不能移动钢筋的连接。

滚压直螺纹连接有直接制做、挤(碾)压肋滚压螺纹和剥肋滚压螺纹三种形式。目前在施工现场剥肋滚压螺纹连接比较普遍，一般在现场直接加工。主要设备为剥肋滚压直螺纹成型机，工具主要由量具、管钳和力矩扳手等组成。本文重点介绍剥肋滚压直螺纹成型机的结构、性质、使用方法。

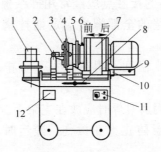

图 4-13　剥肋滚压直螺纹成型机结构示意图

1—台钳；2—涨刀触头；3—收刀触头；4—剥肋机构；

5—滚丝头；6—上水管；7—减速机；8—进给手柄；

9—行程挡块；10—行程开关；

11—控制面板；12—机座

2. 剥肋滚压直螺纹成型机结构及工作原理

（1）结构组成

剥肋滚压直螺纹成型机的结构如图 4-13 所示。

（2）工作原理

钢筋夹持在台钳 1 上，扳动进给手柄 8，减速机 7 向前移动，剥肋机构 4 对钢筋进行剥肋，到调定长度后，通过涨刀触头 2 使剥肋机构停止剥肋，减速机继续向前进给，涨刀触头缩回，滚丝头 5 开始滚压螺纹，滚到设定长度时，行程挡块 9 与行程开关接触断电，设备自动停机并延时反转，将钢筋退出滚丝头，扳动进给手柄后退，通过收刀触头 3 收刀复位，减速机退到极限位置后停机，松开台钳、取出钢筋，完成螺纹加工。

3. 使用要点及注意事项

（1）钢筋螺纹连接设备使用要点：

1）设备应有良好接地，防止漏电伤人；

2）在加工前，电器箱上的正反开关置于规定位置。加工标准螺纹开关置于"标准螺纹"位置，加工左旋螺纹开关置于"左旋螺纹"位置。对剥肋滚压直螺纹成型机在加工左旋螺纹时，应更换左旋滚丝头及左剥肋机构；

3）钢筋端头弯曲时，应调直或切去后才能加工，严禁用气割下料；

4）出现紧急情况应立即停机，检查并排除故障后再使用；

5）设备工作时不得检修、调整和加油；

6）整机应设有防雨棚，防止雨水从箱体进入水箱；

7）停止加工后，应关闭所有电源开关，并切断电源。

（2）钢筋螺纹连接设备维护要点：

1）开机前和停机后，擦洗设备，保持设备清洁；

2）开机前，检查行程开关等各部件是否灵活、可靠，有无失灵情况；

3）及时清理铁屑，定期清理水箱；

4）加工丝头时，应采用水溶性切削液，不得用机油作润滑液或不加润滑液加工丝头；

5）设备需定期按规定部位加油润滑，加油前应将油口、油嘴处的脏物清理干净。

（3）安全使用注意事项：

1）操作前应认真检查各部位安全装置是否良好，配电箱和电源线是否安全可靠，经检查确定无问题方可开机操作；

2）操作人员必须经过技术培训，认真按照技术交底作业，未经项目领导批准，不得随意调换操作人员；

3）套丝机械设备应在平整场地固定，并设防雨棚和接油装置；

4）操作人员要思想集中，两人同机操作时应配合默契，后面的人听从前面人的指挥，出现机械故障时及时停机检修；

5）工作完毕后整机清洁，把铁屑等杂物清扫干净，拉闸、断电、上锁方可离开。

（十）预应力钢丝拉伸设备

1. 预应力钢丝拉伸设备工作性质及原理

预应力钢筋张拉设备是使预应力混凝土结构里的钢筋产生预应力，并使其保持预应力的设备，分手动、电动和液压传动张拉机等。液压张拉机拉力大、重量轻，使用灵活方便。按钢筋张拉工艺有先张法和后张法两种。先张法用的夹具可以重复使用；后张法用的锚具将成为构件的一部分，不能取下再用。施工现场常采用不同的夹具来锚固各种钢筋，圆锥形夹具用于锚固直径 12～16mm 的钢筋；镦头梳筋板夹具适用于板类构件中张拉低碳冷拔钢丝；波形夹具可成批张拉和锚固钢丝；螺杆锥形夹具则用于钢筋束的后张自锚。作业时，钢筋的一端锚固，另一端由张拉机通过夹具把钢筋夹紧张拉。穿心式张拉机作业时将钢筋穿入，打开前油嘴，由液压泵把高压油送入后油嘴，使张拉缸后退，利用尾部锚具将钢筋锚固并张拉。张拉到所需应力值后，关闭后油嘴。前油嘴进油，活塞向前推出，顶压锚塞，使钢筋锚固。回程时，活塞靠弹簧复位，完成张拉。

2. 预应力钢丝拉伸设备的类型

（1）机具类：包括穿心式千斤顶、前卡式千斤顶、台座式千斤顶、电动油泵、高压泵站、真空泵、搅拌机、制管机、挤压机、钢丝镦头器、灰浆泵等。

（2）锚具类：包括扁锚、挤压 P 形锚具、单孔工具锚、金属波纹管、钢质锥形锚具、镦头锚等。

（3）连接器类：包括 YML15(13)系列连接器、精轧螺纹钢连接器、线线连接器、线杆连接器、YGL25(32)系列连接器等。

3. 预应力钢筋混凝土施工方法

预应力钢筋混凝土施工分先张法和后张法两类。

（1）先张法是在浇筑混凝土之前张拉钢筋（钢丝）产生预应力。一般用于预制梁、板等构件。

A. 先张法工艺流程如图 4-14 所示。

B. 先张法预应力张拉程序见表 4-10。

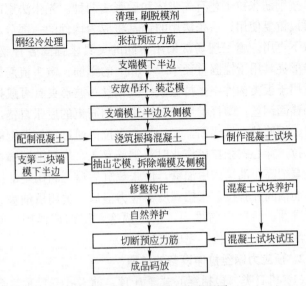

图 4-14　先张法工艺流程图

先张法预应力张拉程序　　　　　　　　　　　表 4-10

预应力钢筋种类	张 拉 程 序
钢　　筋	0→初应力→$1.05\sigma_{con}$(持荷 2min)→$0.9\sigma_{con}$→σ_{con}(锚固)
钢丝、钢绞线	对于夹片式等具有自锚性的锚具：普通松弛力筋：0→初应力→$1.03\sigma_{con}$(锚固)；低松弛力筋：0→初应力→σ_{con}(持荷 2min 锚固)

注：1. 表中 σ_{con} 为张拉时的控制应力，包括预应力损失值；

　　2. 张拉钢筋时，为保证施工安全，应在超张拉放张至 $0.96\sigma_{con}$ 时安装模板、普通钢筋及预埋件等；

　　3. 张拉时，钢丝、钢绞线在同一构件内断丝数不得超过钢丝总数的 1%；预应力钢筋不容许断筋。

（2）后张法是在混凝土浇筑的过程中，预留孔道，待混凝土构件达到设计强度后，在孔道内穿主要受力钢筋，张拉锚固建立预应力，并在孔道内进行压力灌浆，用水泥浆包裹保护预应力钢筋。

A. 后张法工艺流程如图 4-15 所示。

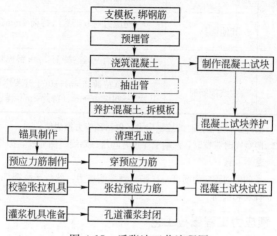

图 4-15　后张法工艺流程图

B. 后张法预应力张拉程序见表 4-11。

后张法预应力张拉程序　　　　　　　　表 4-11

预 应 力 筋		张 拉 程 序
钢筋、钢筋束		$0 \rightarrow$ 初应力 $\rightarrow 1.05\sigma_{con}$(持荷 2min)$\rightarrow \sigma_{con}$ (锚固)
钢绞线束	对于夹片式等具有自锚性能的锚具	普通松弛力筋：$0 \rightarrow$ 初应力 $\rightarrow 1.03\sigma_{con}$ (锚固)低松弛力筋：$0 \rightarrow$ 初应力 $\sigma_{con} \rightarrow$ (持荷 2min 锚固)
	其他锚具	$0 \rightarrow$ 初应力 $\rightarrow 1.05\sigma_{con}$(持荷 2min)$\rightarrow \sigma_{con}$ (锚固)

预 应 力 筋		张 拉 程 序
钢丝束	对于夹片式等具有自锚性能的锚具	普通松弛力筋：0→初应力→$1.03\sigma_{con}$（锚固）低松弛力筋：0→初应力 σ_{con}→（持荷 2min 锚固）
	其他锚具	0→初应力→$1.05\sigma_{con}$（持荷 2min）→0→σ_{con}（锚固）
精轧螺纹钢筋	直线配筋时	0→初应力→σ_{con}（持荷 2min 锚固）
	曲线配筋时	0→σ_{con}（持荷 2min）→0（上述程序可反复几次）→初应力→σ_{con}（持荷 2min 锚固）

注：1. 表中 σ_{con} 为张拉时的控制应力，包括预应力损失值；

2. 两端同时张拉时，两端千斤顶升降压、划线、测伸长、插垫等工作基本一致；

3. 梁的竖向预应力筋可一次张拉到控制应力，然后于持荷 5min 后测伸长和锚固。

4. 预应力工程张拉工艺

(1) 张拉操作程序

千斤顶穿入钢绞线→卸载阀卸载→开启气阀启动油泵→换向供油(顺时针转动手柄千斤顶出缸)→卸载阀升压(顺时针转动)→自动锚紧→张拉→换向供油(逆时针转动手柄千斤顶回缸)→自动退锚→卸载阀卸载(逆时针转动)→退出预应力千斤顶。

(2) 预应力工程张拉过程的质量要求

1) 安装张拉设备时，直线预应力筋张拉的力作用线与孔道中心线重合，曲线预应力筋张拉的力作用线与孔道中心线末端的切线重合。

2) 根据预应力张拉设备检验标定书上的数值，在相应力值范围内用插入法计算各级荷载下的压力表读数值(即

$10\%\sigma_{con}$、$100\%\sigma_{con}$、$105\%\sigma_{con}$时),张拉操作过程要匀速施加荷载。

3)填写张拉设备施加预应力的记录,做到记录内容及原始数据完整、真实、可靠。

4)采用应力控制方法张拉时,要校检预应力钢筋的伸长值。

5)当用先张法同时张拉多根预应力筋时,应先调整初应力,使其应力一致,然后通过钢横梁整体张拉至规定值。

6)用后张法张拉长度5~24m的直线预应力筋,可在一端张拉。

7)对曲线预应力筋和长度大于24m的直线预应力筋的张拉分两种情况:一个成形孔道时采用两台同型号的千斤顶张拉设备进行单向对称张拉;两个成形孔道时,配用四台同型号的预应力千斤顶设备双向对称张拉,避免结构裂缝开展与变形。

8)多根预应力筋可分批张拉,采用同一张拉值逐根复位补足,保证预应力筋的张拉控制应力值。

9)为保证张拉过程的质量,应对从事预应力工程施工人员进行岗位操作技能培训,做到持证上岗;对预应力张拉设备在使用过程中的操作和检查情况作出记录,并予以保存。

5. 预应力钢筋张拉工施工安全要求

(1)总体要求

1)必须经过专业培训,掌握预应力张拉的安全技术知识并经考核合格后方可上岗。

2)必须按照检测机构检验编号的配套组使用张拉机具。

3)张拉作业区域应设明显警示牌,非作业人员不得进入作业区。

4) 张拉时必须服从统一指挥，严格按照技术交底要求读表。油压不得超过技术交底规定值。发现油压异常等情况时，必须立即停机。

5) 高压油泵操作人员应戴护目镜。

6) 作业前应检查高压油泵与千斤顶之间的连接件，连接件必须完好、紧固，确认安全后方可作业。

7) 施加荷载时，严禁敲击、调整施力装置。

（2）先张法

1) 张拉台座两端必须设置防护墙，沿台座外侧纵向每隔 2～3m 设一个防护架。张拉时，台座两端严禁有人，任何人不得进入张拉区域。

2) 油泵必须放在台座的侧面，操作人员必须站在油泵的侧面。

3) 打紧夹具时，作业人员应站在横梁的上面或侧面，击打夹具中心。

（3）后张法

1) 作业前必须在张拉端设置 5cm 厚的防护木板。

2) 操作千斤顶和测量伸长值的人员应站在千斤顶侧面操作，千斤顶顶力作用线方向不得有人。

3) 张拉时千斤顶行程不得超过技术交底的规定值。

4) 两端或分段张拉时，作业人员应明确联络信号，协调配合。

5) 高处张拉时，作业人员应在牢固、有防护栏的平台上作业，上下平台必须走安全梯或马道。

6) 张拉完成后应及时灌浆、封锚。

7) 孔道灌浆作业，喷嘴插入孔道后，喷嘴后面的胶皮垫圈必须紧压在孔口上，胶皮管与灰浆泵必须连接牢固。

8）堵灌浆孔时应站在孔的侧面。

6. 预应力张拉设备的定期检修

（1）质量控制要求

1）根据预应力施工需要，选定的预应力张拉设备应进行检定校验，以标定预应力张拉值与压力表之间的相关关系。

2）检定校验单位应具有相应资质，检验时间应在工程施工之前，校验期限不宜超过半年。

3）张拉设备校验要选用检定合格的压力表。检验时，千斤顶活塞的运行方向与实际张拉工作状态一致。

4）建立预应力张拉设备的台账，新添置的张拉设备及时登记在册，以便进行质量跟踪。

5）做好并保存预应力张拉设备的检定记录。包括千斤顶型号、编号、使用地点、检定日期、结果、环境条件、责任人员等。

（2）张拉锚具的质量验证

锚具进货后，应对供应厂家提交的张拉锚具检验报告进行审核确认，进行材料验收。检查外观、尺寸和硬度，并抽取3个预应力筋锚具组装件，送测试中心进行静载锚固试验，测定预应力筋用夹片效率系数应符合锚固性能要求。

（3）预应力千斤顶的维修

为了保证持续施工的要求，应注意预应力张拉设备必要的维修和保养，随时掌握千斤顶的使用状况，检查工作性能，必要时更换油封等易损件。对在用的预应力张拉设备配备有效使用周期的标志。准确度不符合要求或有故障时要及时修理，出示停用标志。

五、木 工 机 械

（一）木工机械的分类与型号编制

1. 木工机械的分类

木工机械的分类方法较多，按照机械的加工性质，即机械采用的切削方式或用途，《木工机床型号编制方法》（GB/T 12448—1990)将木工机械划分为十三类，分类方法见表5-1。根据施工现场的实际情况，本书主要介绍木工锯机类中的圆盘锯和木工刨床类中的平刨、压刨等设备。

木工机械分类方法　　　　　　表 5-1

类　　别	代　号	类　　别	代　号
木工锯机	MU	木工联合机	ML
木工刨床	MB	木工结合组装涂布机	MH
木工铣床	MX	木工辅机	MF
木工钻床	MZ	木工手提机具	MT
木工榫槽机	MS	木工多工序机床	MD
木工车床	MC	其他木工机床	MQ
木工磨光机	MM		

2. 木工机械的型号编制方法

按照《木工机床型号编制方法》（GB/T 12448—1990)，

木工机械型号的表示如图 5-1 所示。

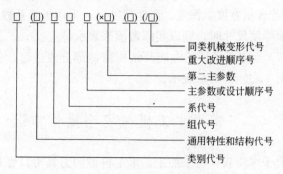

图 5-1　木工机械的型号编制方法

图 5-1 中：

（1）有小括号的代号，当无内容时，则不表示；若有内容，应不带小括号。

（2）类别代号见表 5-2。

（3）通用特性代号见表 5-2。为区分主参数相同而结构不同的木工机械，用结构特性代号来区别，用大写字母表示。

木工机械通用特性代号　　　　　表 5-2

通用特性	自动	半自动	数控	数显	仿形	万能	简式
代　　号	Z	B	K	X	F	W	J

（4）每类木工机械有九个组，每组又分十个系，组、系代号均为阿拉伯数字。

（5）主参数用折算值表示，当折算值大于 1 时，取整数，前面不加零，通常取折算系数为 1/100；设计顺序号由 1 起始，当设计序号少于两位数时，在前面加 0。

（6）第二主参数若表示长度尺寸时，采用折算系数 1/100；若表示宽度、深度、齿距尺寸时，采用折算系数 1/10；若表示厚度尺寸时，则以实际数值来表示。

（7）当木工机械的性能及结构需做部分改进时，变形代号可用 1、2、3 等来表示。

（二）常用木工机械安全操作常识

由于木质软，易于加工，木工机械的刀具刃口锋利，运动速度快，因此木工机械容易造成伤害。由于木材规格形状变化很大，质地不均，又有异常结构，所以都采用手工送料，这是造成伤害的主要原因。

使用木工机械常见的伤害包括：

（1）最常见伤害是锯的刃口割去手或手指。往往是由于操作时木料夹住锯片或锯条，用手处理时发生的，或者木质不均，遇到节疤、弯曲或其他缺陷而使手与刃口接触。

（2）带锯从滑轴上脱落造成的伤害，往往更为严重。

（3）在锯开木料时，以腹部推进木料，遇到节疤，木料产生严重振跳而伤及腹部。

（4）刨床的伤害常是刨去手指，因为手工送料时又要往前推进又要往下压，易发生动作失误。劳累、紧张、用力过猛、精力不集中都是造成伤害的原因。

（5）在加工木料时，木料断裂破碎的碎块、碎屑打伤手臂、面部、眼。

使用木工机械时防止造成伤害的一般措施包括：

（1）机械金属外壳必须做保护接零。

（2）工作场所应配备足够可靠的消防器材。严禁在工作场所吸烟或有其他明火，并不得存放油、棉纱等易燃品。

（3）工作场所的待加工和已加工木料应堆放整齐，保证道路畅通。

（4）机械应保持清洁，安全防护装置齐全可靠，各连接部位紧固，工作台上不得放置杂物。

（5）机械的皮带轮、锯轮、刀轴、锯片、砂轮等高速转动部件应在安装时做平衡试验。各种刀具不得有裂纹破损。

（6）装设有气动除尘装置的木工机械，作业前应先启动排尘风机，经常保持排尘管道不变形、不漏风。

（7）严禁在机械运行中测量工件尺寸和清理机械上面和底部的木屑、刨花和杂物。

（8）运行中不准跨过机械传动部分传递工件、工具等。排除故障、拆装刀具时必须待机械停稳后，切断电源，方可进行。操作人员与辅助人员应密切配合，以同步匀速接送料。

（9）根据木材的材质、粗细、湿度等选择合适的切削和进给速度。加工前，应从木料中清除铁钉、铁丝等金属物。

（10）作业后，切断电源，锁好闸箱，进行擦拭、润滑、清除木屑、刨花。

（三）圆　盘　锯

1. 圆盘锯组成构造、原理、性能

圆盘锯的种类较多，按其进给方式分，有手动和机动进料两种类型。圆盘锯的构造比较简单，主要由机架、工作台、锯轴、切割刀具、导尺、传动机构和安装装置等组成。大型圆盘锯还配有注水装置（冷却锯片）、锯卡及送料装置

等。圆盘锯上的圆锯片，按其断面形状可分为圆锯片、矩形锯片和刨削锯片三种形式。图 5-2 为 MJ104 型圆盘踞构造示意图。

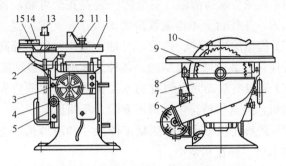

图 5-2　MJ104 型圆盘踞构造示意图

1—工作台；2—圆弧型滑座；3—手轮；4、8、11、15—锁紧螺钉；

5—垂直溜板；6—电动机；7—排屑罩；9—锯片；

10—导向分离刀；12—纵向导尺；13—防护罩；14—横向导尺

该型号圆盘锯工作台与垂直溜板上的圆弧形滑座相结合，可保证工作台倾斜度在 0°～45°范围内任意调节，并由螺钉锁紧。为适应锯片直径和锯解厚度的变化，溜板通过手轮可以沿床身导轨移动，使工作台获得垂直方向的升降，并用手把螺钉琐紧。安装在摆动板上的电动机，通过皮带传动使装在锯轴上的锯片旋转。为加工不同宽度的木材工件，纵向导尺与锯片之间的距离可以调整，并由螺钉固定。横向导尺可以沿工作台上的导轨移动，以便对工件进行截头加工；为锯截有一定角度的工件，导尺与锯片之间的相对角度可以调整，并用螺钉锁紧。此外，机床上还设有导向分离刀、排屑罩和防护罩等。

圆盘锯的基本机构和操作要领见表 5-3。

圆盘锯类型	构造及操作要领
MJ104 型手动进料圆锯机的使用要点	1. 锯齿的方向和锯轴运动方向必须一致，锯片要平整，齿要尖锐不得连续缺齿 2. 一定要罩好防护罩，开车前必须清除锯机周围的障碍物，夹紧锯片的甲板螺母应一次紧固好，并在开车前检查是否拧紧 3. 操作人员不得站在锯片旋转线上，锯短料一定要使用木棍推进，不得用于，50cm 以下的短料禁止上锯 4. 圆锯机锯片不得有过热变蓝或发生小崩裂现象，齿槽裂缝不得超过 20mm 裂缝，裂缝末端要钻圆孔，防止裂缝发展
MJ224 型万能木工圆锯机的使用要点	1. 该机的使用方法有两种：将工件移近刀具进行加工和用手将电动机的移动架移向工件进行加工 2. 锯机在开动前必须检查各运转机构及刀具紧固情况是否妥当，检查刀具有无裂纹、凹伤，避免在工作时因刀具的破裂而发生危险 3. 在使用圆盘型刀具时，需安装好防护罩，在纵向锯割时，应放下梳形逆制器，以防制件被刀具推出
吊截锯的使用要点	吊截锯在开车后应达到稳定的转速及所有机构都运转正常后，才能开始工作。如有故障应即使排除；锯片在转动时或停车后，严禁用任何物件闸卡、刹压锯片，应使锯片自然停止；不得用手拿料直接对锯片推截和手跨过锯片工作，以及沿锯片线方向站立

2. 圆盘锯操作规程及安全注意事项

（1）操作前应进行检查，锯片不得有裂口，螺栓应上紧，锯片必须平整牢固；安全防护装置要齐全、完整。

（2）操作要戴防护眼镜，进料必须紧贴靠山，不得用力过猛，遇硬节慢推。接料要待料出锯片 15cm，不得用手硬拉。如木料粗大，接料应用木柄刨钩。

（3）设备本身有开关控制，开关箱与设备距离不超过 3m。

（4）木料较长时两人配合操作，木料超过锯片 20cm 方可接料。

（5）及时清除木屑，不要用手擦抹台面。

（6）锯片上方必须安装保险挡板和滴水装置，在锯片后面，离齿 10～15mm 处，必须安装弧形楔刀。锯片的安装，应保持与轴同心。

（7）被锯木料厚度，以锯片能露出木料 10～20mm 为限，夹持锯片的法兰盘的直径应为锯片直径的 1/4。

（8）启动后，待转速正常后方可进行锯料。送料时不得将木料左右晃动或高抬，遇木节要缓缓送料。锯料长度应不小于 500mm。

（9）如锯线走偏，应逐渐纠正，不得猛扳，以免损坏锯片。

（10）锯片温度过高时，应用冷水冷却，直径 600mm 以上的锯片在操作中应喷水冷却。

（11）换锯片或维修时先拉闸停止转动后进行。

（四）平　　刨

1. 平刨组成构造、原理、性能

平刨床是将毛料的被加工表面加工成平面，使该表面成为后续工序所要求的加工和测量表面。也可以加工与基准面相邻的一个表面，使其与基准面成一定的角度，加工时相邻表面可以作为辅助基准面。所以平刨床的加工特点是被加工平面与加工基准面重合。平刨床的主参数是最大加工宽度，即工作台的宽度尺寸。

（1）平刨床按进给方式，可分为手工进给和机械进给平刨床。手工进给平刨床只加工工件的一个表面，这类的机床可以附加自动进料和边刨刀轴。机械进给平刨床有滚筒进给和履带进给两种形式，可以克服手工进给平刨床的缺点，使得劳动生产率大大提高。但是机械进给平刨对工件不易加工成理想基面，所以，目前使用的平刨床中，手工进给的占绝大多数。

（2）平刨床按刀轴数量，可分为单轴和双轴平刨床。双轴平刨床的两个刀轴是彼此垂直安装的，可同时加工零件的两个相邻表面，生产效率较高。

（3）平刨床按工作台宽度尺寸，可分为轻型（工作台宽度为200～400mm）、中型（工作台宽度为500～700mm)和重型（工作台宽度为800mm以上）。

图5-3为MB506B型平刨结构示意图。

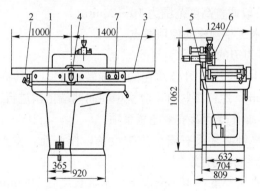

图5-3　MB506B型平刨结构示意图
1—床身；2—后工作台；3—前工作台；
4—主轴；5—电动机；6—导尺；7—控制装置

MB506B型平刨机属于轻型平刨床，采用手工进给，主要由床身、后工作台、前工作台、刀轴、传动机构、导尺和控制装置等组成。前后工作台是被刨削工件的基准，应具有足够的刚度，表面要求平直光滑，而且耐磨。一般由铸铁或钢板制成，工作台的平面度应在1000mm范围内，公差不大于0.2mm。工作台的宽度取决于被加工毛料的宽度，通常为200~800mm左右。前工作台对毛料获得精确的平面影响较大，所以其长度比后工作台要长。在木制品生产中，前工作台长度一般取加工零件长度的75%~80%左右，约为1250~1750mm；后工作台长度一般取加工零件60%左右，约为1000~1500mm。平刨刀轴一般为圆柱形，其长度比工作台宽度大10~20mm，直径通常为125mm。刀轴上安装刀片一般为4片。切削机构的传动是由电动机通过V形皮带传动带动刀轮回转。工作台升降调节高度因工艺要求而定，一般在切削深度为2~3mm时，最大调节高度在10mm以上，偏心轴一般调整高度范围为10~20mm。

2. 木工平刨床的使用要点

（1）刀刃的调整

平刨的四片刀刃必须在同一旋转线上。刀具突出刀轴1.5~2mm。螺钉顶紧时，应从中间向两端依次进行。

（2）操作规程及安全注意事项

1）平刨必须设有安全防护设备，作业前，检查安全防护装置必须齐全有效。

2）木板厚度在10mm以下，木板长度在300mm以下加工时，必须使用推板或推棍。厚度在15mm，长度在250mm以下的木料，不得在平刨上加工。

3）被刨木料如有破裂或硬节等缺陷时，必须处理后再刨，刨料前必须将铁钉、石块、水泥、冰雪清除干净后方可加工。

4）操作时，千万注意手指不要放在节疤上，遇节疤要适当减速刨削，木料刨削掉头时，要注意四周环境，以防木料伤人。

5）刨料时，手应按在料的上面，手指必须离开刨口50mm以上。严禁用手在木料后端送料及跨越刨口进行刨削。

6）刀片和刀片螺丝的厚度必须一致，刀架夹板必须平整贴紧，合金刀片焊缝的高度不得超出刀头，刀片紧固螺栓应嵌入刀片槽内，槽端离刀背不得小于10mm。刀片紧固螺栓时，用力应均匀一致，不得过松或过紧。

7）机械运转时，不得将手伸进安全挡板里侧去移动挡板或拆除安全挡板进行刨削。严禁戴手套操作。

（五）压　　刨

1. 压刨组成构造、原理、性能

单面压刨床用于将方材和板材刨切为一定的厚度。该压刨床的特点是被加工平面是加工基准面的对面。按照加工宽度可以将刨床分为：窄型单面压刨床，其加工宽度为250～350mm，主要用于小规格的木制品件的加工；中型单面压刨床，其加工宽度为400～700mm，常用于各种木制品生产工艺中；宽型单面压刨床，其加工宽度在800～1200mm，主要用于加工板材和框形零件；特宽型单面压刨床，其加工宽度可达1800mm，主要用于大规格板件的表面平整加工。图5-4为MB106A型压刨构造示意图。

2. 双面压刨床主要的用途、分类及特点

双面刨床主要用于同时对两个平面进行加工。经双面刨床加工后的工件可以获得等厚的几何尺寸和两个相对的光整表面。工件表面的平直度主要取决于双面刨本身的精度和上

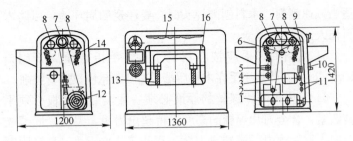

图 5-4　MB106A型压刨构造示意图

1—送料电动机；2—无级变速器；3—工作台升降电动机；4、5—链条
张紧轮；6—链条导轮；7—主轴；8—上送料辊；9—调速盘；10—工作
台升降年轮；11—工作台升降链条导轮；12—主轴电动机；13—工作
台升降丝杆；14—下送料辊；15—止逆爪；16—工作台升降导轮

道工序的加工精度。双面刨床具有两根按上、下顺序排列的
刀轴，按上、下排列的顺序不同，可以将其分为先平后压
（先下后上）和先压后平（先上后下）两种形式。由于机床结构
和功能的限制，无论是哪一种排列方式，这类机床都不能代
替平刨床进行基准面加工，只能完成等厚尺寸和两个相对表
面的加工。

　　双面刨床的对应刀轴布局可以是双压刨式的或平—压刨
式的。平—压刨式的有辊筒式进给及输送带—辊筒组合式进
给。后者能保证较好的加工质量，因为采用这种方式进料，
工件变形小。机床其他机构与单面压刨床基本相似，但有的
双面刨床还带有刨刀的自动化和机械化刀磨装置。以MB206D
型双面压刨为例，其构造示意图如图5-5和图5-6所示。

　　3. 木工单、双面压刨床的使用要点

　　（1）单面压刨床的调整

　　1）前后压紧器、进给滚筒相对刀轴切削圆或工作台平
面的位置的调整。

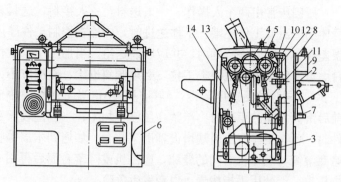

图 5-5　MB206D 型双面压刨构造示意图

1—床身；2—工作台；3—减速箱；4—上水平刀轴；5—进给辊筒；
6—电动机；7—工作台升降机构；8—电气控制装置；9—前进给机构；
10—前进给摆机构；11、12、13、14—给辊筒压力调整机构

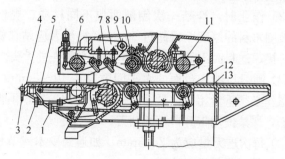

图 5-6　工作台及下水平切削机构造示意图

1、2—手轮；3—手柄；4—前工作台；5—偏心轮；
6—分段进给辊筒；7—止逆爪；8—支架；9—轴；
10—前进给辊轮；11—后进给辊轮；12—下进给辊轮；13—后工作台

2）在刀轴或刀刃平行于工作台的调整。

3）工作台不同高度位置水平度的调整。

4）前后压紧器和进给滚筒压紧力的调整。

（2）使用要点

压刨床常由两个人操作，一人送料，一人接料，送料者身体不应对着工件尾端。工件送进时，应检查控制工件厚度误差在一定的允许范围内，并应顺纹送给。当加工小于工作台面宽度的装配式框架类工件，必须倾斜进给，斜度应不大于30°，同时进给速度要慢，刨削量要小；当工件长度小于前后滚筒之间的距离时，严禁在压刨上加工；当刨削较长工件时，可在工作台出料端增设辅助工作台。如遇到木屑等物堵塞滚筒与工作台之间的缝隙，应停机或降落台面后再用木棍拨出，严禁用手指拨弄，以免发生危险。

4. 压刨操作规程及安全注意事项

（1）压刨床必须用单向开关，不得使用倒顺开关，三、四面刨应按顺序开动。

（2）作业时，严禁一次刨削两块不同材质、规格的木料，被刨木料的厚度不得超过50mm。操作者应站在机床的一侧，接、送料时不得戴手套，送料时必须先进大头。

（3）刨刀与刨床台面的水平间隙应在10～30mm之间，刨刀螺丝必须重量相等，紧固时用力应均匀一致，不得过紧或过松，严禁使用带开口槽的刨刀。

（4）每次进刀量应为2～5mm，如遇到硬木或节疤，应减小进刀量，降低送料速度。

（5）刨料长度不得短于前后压滚的中心距离，厚度小于10mm的薄板，必须垫托板。如操作时发现材料走横，应速将台面下降，以防止造成人身机械事故。

（6）压刨必须装有回弹灵敏的止逆爪装置，进料齿辊及托料光辊应调整水平和上下距离一致，齿辊应低于工件表面1～2mm，光辊高出台面0.3～0.8mm，工作台面不得歪斜和高低不平。

(7) 停车时严禁转动变速把手,只有送料电动机旋转正常后,方可调整送料速度。

(8) 止逆爪要保证完好无缺,使用灵活。

(9) 送料电动机和刀轴电动机的启动具有连锁控制,即送料电动机必须在刀轴电动机启动正常后,才能启动。

六、其他机械

建筑工程中使用的中小型机械设备还有很多，例如装修工程中使用的喷涂机械、地面整修机械、装修吊篮，安装工程中使用的套丝机等。对此类机械本节不做介绍，仅选主体施工期间常用到的夯实机械和降水机械做简单介绍。

夯实机械是利用夯本身的质量和夯的冲击运动或振动，对被压实的材料施加动压力，以提高其密实度、强度和承载能力等的压实机械。它的主要特点是轻便灵活，特别适用于压实边坡、沟槽、基坑等狭窄场所，在大型工程中与其他压实机械配套，完成大型机械所不能完成的边角区域的压实。

（一）蛙式打夯机

1. 组成构造、原理、性能

蛙式打夯机是目前使用最广泛的夯机，它具有操作方便、结构简单、经久耐用、夯实效果好、易维修、价格低等优点。

蛙式打夯机是由夯头、动力和传动系统、拖盘三部分组成的，如图 6-1 所示。

电动机经过二级减速，使夯头上的大皮带轮旋转，利用偏心块在旋转中产生的能量，使夯头上下周期夯击，在夯击

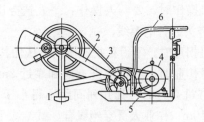

图 6-1 蛙式打夯机

1—夯头；2—夯架；3—三角皮带；4—电动机；5—底盘；6—手把

的同时，夯实机也能自行前进。蛙式打夯机就是利用重心偏置的原理，由惯性驱使打夯机像青蛙一样，一跳一跳地夯实地面。

2. 蛙式打夯机技术参数

蛙式打夯机技术参数见表 6-1。

蛙式打夯机技术参数　　　　　　　表 6-1

1	夯击能量	50kg·m
2	夯头抬高	150～200mm
3	前进速度	8～10m/min
4	夯击频率	140 次/min
5	电机功率	2.2kW
6	电机转速	1460 转/min
7	整机重量	175kg
8	体　　积	1530mm×500mm×800mm

3. 操作规程

（1）夯机使用前检查绝缘线路、漏电保护器、定向开关、皮带、偏心块等，确认无问题方可使用。

（2）夯机操作时，要两人操作：一人扶夯机，一人整理线路，防止夯头夯打电源线。

（3）夯机拐弯时，不得猛拐或撒把不扶任其自由行走。

（4）夯机作业时，夯机前进方向和靠近 2m 范围内不得有人；多台夯机夯打时，其并列间距不得小于 5m，前后间距不得小于 10m；作业人员穿绝缘鞋、戴绝缘手套。

（5）随机的电源线应保持 3～4m 的余量，发现电源线缠绕、破裂时要及时断电，停止作业，马上修理。

（6）挪夯机前要断电，绑好偏心块，盘好缆线。工作完后断电锁好，放在干燥处。

（7）夯头轴承座和传动轴承座在每班工作后应检查和加添润滑油。

（8）夯机动臂滑动轴承和扶手转轴等处均装有压注式油杯，每班工作后，应检查并加注润滑油。

（9）滚动轴承部位在每工作 400h 时应检查并加注润滑油。

（10）每班工作后应彻底清除机身泥土，擦拭干净并加足各部润滑油。

4. 安全注意事项

（1）夯机在工作前应检查传动皮带是否良好，松紧度是否合适，皮带轮与偏心块的安装是否牢靠。

（2）夯实时夯土层必须摊铺平整，不准打坚石、金属及硬的土层。

（3）夯实机扶手上应装按钮开关，并包绝缘材料。其电源电缆必须完好无损，作业时严禁夯击电源线，移动时应停机将电源线移至夯机后方，并应防止电源线扭结。

（4）手握扶手时要掌握机身平稳，不可用力向后压，以免影响夯机的跳动，但要随时注意夯机的行进方向，并及时加以调整。

（二）振动式冲击夯

1. 组成构造、原理、性能

振动冲击夯是一种先进的、高效的小型夯实机械。主要用于公路建设，铁路建设，提坝、农田水利、水库、建筑工程等工地基础的夯实，特别适合室内地面、庭院墙根、道路维修、沟槽等狭窄地带的夯实。

该类冲击夯一般体积小、重量轻、操作灵活、贴边性好、维护简单，夯实效果好。

振动冲击夯由原动机(汽油机或电动机)、联轴器、传动齿轮、连杆、内外缸体、夯板、手把等组成，如图6-2所示。

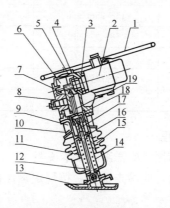

图 6-2　振动冲击夯

1—扶手；2—电动机；3—联轴器；4—油封架；5—小齿轮轴；6—曲轴箱；
7—曲轴箱盖；8—大齿轮轴；9—外缸体；10—加油塞；11—内缸体；
12—活塞杆；13—夯板；14—弹簧；15—防尘拆箱；16—滑块；17—活塞头；
18—活塞销；19—连杆

原动机动力由离合器传给小齿轮带动大齿轮转动，使安装在大齿轮上的连杆带动活塞杆作上、下往复运动，由于弹簧对其能量的吸收和释放，致使夯板快速跳动，对被夯材料产生冲击作用，从而取得夯实效果。由于机身与夯板倾斜了一个角度，所以夯机在冲击的同时会自动前进。振动冲击夯就是利用弹簧伸缩来带动整个机体上下跳动，就如皮球跳动，其型号及主要参数见表6-2。

型号及主要参数   表 6-2

参　数	型　号	
	HCD80	HCD70
夯板尺寸	320mm×280mm	300mm×280mm
跳起高度	40～65mm	40～65mm
冲击能量	60N•m	55J
前进速度	15～25m/min	12.5m/min
冲击频率	585 次/min	580 次/min
电机功率	3kW	2.2kW
电机转速	2880 转/min	2840 转/min
整机重量	80kg	75kg

2. 操作规程

（1）使用前用户应详细阅读本说明书，按规范作业。

（2）使用前，应检查油量，按规定加注润滑油，严禁无油操作。

（3）电机异常发热，应停机检查原因，确认电机接地良好。

（4）电机接通电源后，检查电机旋向是否正确（从风叶方向看应为顺时针方向旋转），否则，应调换相序。

（5）夯机工作时，不宜将扶手握得过紧，以减少对人体的振动而产生的疲劳，扶手主要用于控制行进路线和方向。

（6）夯实回填土，应分层夯实，每层夯实高度不超过25cm往返夯实三遍。

（7）夯实较松填土或上坡时，可稍压扶手，保证夯机的前进速度。

（8）严禁夯打水泥路面及其他硬地面。

（9）夯机工作时，导线不能拉得过紧，留有 3～4m 余量。

（10）经常检查电线绝缘情况，防止漏电。

（11）工作时，如发现异常声响，要立即停机检查。

3. 安全注意事项

（1）内燃冲击夯启动后应让内燃机怠速运转 3～5min，然后逐渐加大油门，待夯机跳动稳定后，便可进行作业。

（2）电动冲击夯启动时，应先检查电动机旋转方向是否正确，否则需调换相线。

（3）正常工作时，不要使劲往下压手把，以免影响夯机跳起高度。

（4）在特别需要增加压实载荷的地方，可以通过手把控制夯机在原地反复夯实。

（5）内燃夯机可通过调整油门的大小，在一定范围内改变夯机振动频率。

（6）转移工地时，先将夯机手把稍向上抬起，把运输轮装入夯板上挂钩内，再压下手把使重心后倾，推动手把便可使夯机作短途运输。

（7）内燃夯应避免在高速下连续工作，严禁在汽油机高速运转时按停车按钮，以免损坏汽油机。

（8）电动夯操作人员要戴绝缘手套和穿绝缘鞋，作业时，导线不能拉得过紧，注意导线绝缘表面保持良好，严禁冒雨作业。

（9）夯机严禁在水泥路面或其他坚硬地面上工作。

（10）第一次使用新机时，在使用后半小时内要求对各紧固件进行全面检查和紧固。

（11）新机开始使用前应按规定容量加入润滑油，以后每工作 30h 后更换一次，连续更换三次后，每工作 100h 更换一次(润滑油牌号为 10 号机油)。

（12）夯板下部装有放油旋塞，更换润滑油时，应将孔内的细铁屑清除干净。

（13）汽油机燃油必须按规定的 20：1 的混合比加注润滑油。

（14）每天作业后应清除夯板上的泥沙和附着物，保持夯机清洁。

（三）潜 水 泵

1. 组成构造、原理、性能

潜水泵是一种用途非常广泛的抽水机械。与普通的抽水机械不同的是它工作在水下，而抽水机械大多工作在地面上。它是基坑和其他深挖工程施工降水、农业排灌、工业水循环、城乡居民饮用水供应，甚至抢险救灾等等最常用的设备之一。潜水泵由电动机、叶片、进出水口逆止阀等组成，如图 6-3 所示。潜水泵的基本参数包括流量、扬程、泵转速、配套功率、额定电流、效率、管径等。

2. 操作规程

（1）启动前检查：水管应结扎牢固；放气、放水、注油等旋塞均应旋紧；叶轮绝缘应良好。

（2）工作电压在额定值。

（3）潜水泵应放在坚固的网篮内放入水中，以防乱草杂物缠住叶轮，其沉入水中最浅深度为 0.5m，最深不超过 3m；应直立水中，不得陷入泥中，以防因散热不良而烧坏。

（4）潜水泵放入水中或从水中提出，须拉住扣在泵耳环上的绳子，严禁提拉电缆。出水管以能套上潜水泵管接头为宜。

（5）接好电源后，先试运转，检查旋转方向是否正确。潜水泵在水外运转的时间不得超过 5 秒，以防过热。

（6）潜水泵应装设接零保护或漏电保护装置，工作时，周围 30m 以内不得有人畜进入。

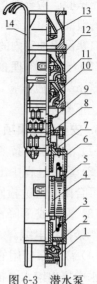

图 6-3　潜水泵

1—底座；2—止推轴承座；3—下导轴承座；4—电机转子；5—电机定子；6—上导轴承座；7—连接段；8—联轴器；9—进水节；10—叶轮；11—导流壳；12—上导流壳；13—逆止阀；14—电缆线

（7）停转后不得立即再启动。每小时启动不得超过十次。停机后再间隔 1 秒以上才能开机。在运转中如发现声音不正常，应立即切断电源进行检查。

（8）新潜水泵或新换过橡胶密封圈的潜水泵使用 50 小时后，应旋开放水封口塞检查泄漏量（流出的水和油），如不超过 5mL 说明密封正常。若超过 5mL，应进行 196kPa（2kgf/cm²）

的气压试验。检查泄漏原因后，予以排除。以后每月检查一次，若泄漏不超过 25mL，可以继续使用。检查后必须旋开放油封口塞倒出油室内的储油，换上规定的润滑油。

（9）经过修理的油浸式潜水泵，应先进行 196kPa（2kgf/cm²）气压试验，检查各部无泄漏现象后，将润滑油加入上、下壳体内。

3. 安全注意事项

（1）潜水泵应按照规定装设电器保护装置。

（2）运转过程中出现故障应该立即切断电源，排除故障后方可合闸开机。检修必须由专业电工进行。

（3）提升或下降潜水泵时必须切断电源，使用绝缘材料。严禁拽拉电缆。

（4）潜水泵使用的地点气温低于 0℃时，在停止运转时，应从水中提出潜水泵擦干后存放室内妥善保管。

（5）每周应测定一次电动机定子绕组对地的绝缘电阻有无下降。

主要参考文献

[1] 韩实彬，双全主编. 施工现场业务管理细节大全丛书—机械员. 北京：机械工业出版社，2007.

[2] 中国建筑业协会中国建筑机械设备管理分会编. 简明建筑施工机械实用手册. 北京：中国建筑工业出版社，2003.

[3] 杨文柱主编. 建筑安全工程. 北京：机械工业出版社，2004.

[4] 杨君伟主编. 机械制图. 北京：机械工业出版社，2007.

[5] 华中理工大学等院校编. 画法几何及机械制图. 北京：高等教育出版社出版，1989.

[6] 丁树模，姚如一主编. 液压传动. 北京：机械工业出版社出版，1992.

[7] 机械设计手册编委会. 液压传动与控制. 北京：机械工业出版社出版，2007.

[8] 陈一才编著. 建筑电工手册. 中国建筑工业出版社，1992.

[9] 田奇主编. 建筑机械使用与维护. 北京：中国建材出版社出版，2003.

[10] 徐荣杰，刘玮，马英轩编. 施工现场临时用电施工组织设计. 沈阳：辽宁人民出版社出版，1992.

[11] 钟汉华主编. 水利水电工程施工技术. 北京：中国水利水电出版社，2004.

[12] 电工手册. 电工手册编写组. 上海：上海科学技术出版社，1994.